피부 미용
스파 테라피 실무

피부 미용 스파 테라피 실무

초판 1쇄 발행 2025년 5월 30일

지은이 박혜령, 김주하, 임수자, 민선경
펴낸이 장길수
펴낸곳 지식과감성#
출판등록 제2012-000081호

교정 주경민
디자인 강샛별
편집 강샛별
검수 김지원, 정윤솔
마케팅 김윤길

주소 서울시 금천구 벚꽃로298 대륭포스트타워6차 1212호
전화 070-4651-3730~4
팩스 070-4325-7006
이메일 ksbookup@naver.com
홈페이지 www.knsbookup.com

ISBN 979-11-392-2621-8(93590)
값 22,000원

• 이 책의 판권은 지은이에게 있습니다.
• 이 책 내용의 전부 또는 일부를 재사용하려면 반드시 지은이의 서면 동의를 받아야 합니다.
• 잘못된 책은 구입하신 곳에서 바꾸어 드립니다.

지식과감성#
홈페이지 바로가기

피부 미용
스파 테라피 실무

박혜령
김주하
임수자
민선경

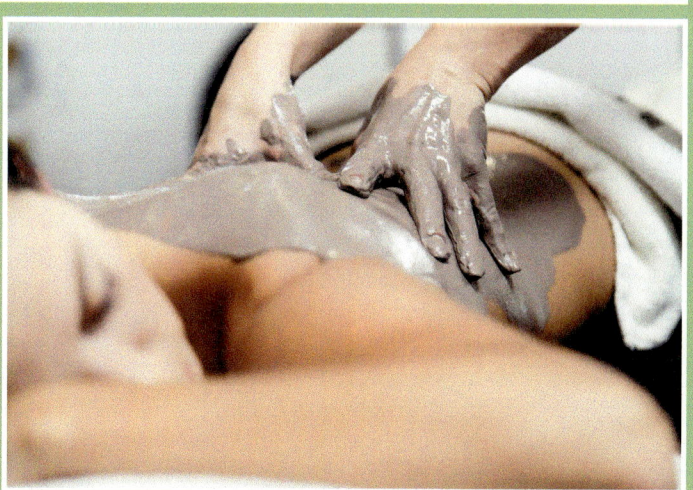

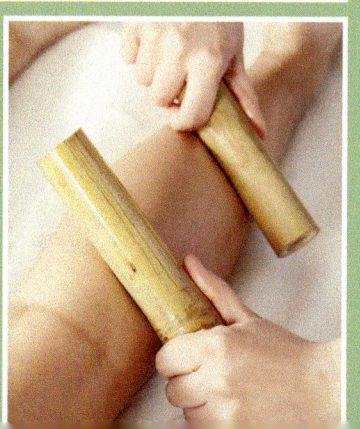

머리말

이 책의 처음 시작은 '현재 국내 스파 및 에스테틱의 실정에 알맞고 적절한 스파 테라피 지침서가 있었으면 좋겠다'라는 생각으로 첫 문장을 써 내려갔습니다. 현대사회에서 '건강한 아름다움'은 많은 사람들이 생각하는 중요한 가치로 자리 잡고 있습니다. 고도화된 사회와 과한 업무에 지친 현대인에게 스파 테라피는 외적인 아름다움을 초월해 몸과 마음을 회복하고 휴식과 안정을 가질 수 있는 공간을 제공합니다. 이에 따라 최근 현대인들의 관심사로 급부상 중인 '웰니스 라이프', '웰 에이징'과 같은 최신 트렌드에 맞추어 피부 미용 분야의 전문가들은 더욱 높은 수준의 인품과 실력, 지식을 필요로 합니다.

그에 반해 산업체 현장과 학교 등 배움의 현장에서 국내 실정에 맞는 스파 테라피 관련 자료가 많지 않다는 것이 현실입니다. 따라서 본 책『피부 미용 스파 테라피 실무』에서는 수련하는 테라피스트부터 현재 스파 현장에서 근무하는 전문가들 모두에게 스파의 본질적인 개념과 현대적 개념을 이해하도록 하는 한편, 현장에서 보편적으로 가장 많이 고객에게 시술되고 있는 '뱀부 테라피', '스톤 테라피', '바디 랩' 등의 전반적인 실무를 다루었습니다.

테라피와 고객을 사랑하는 테라피스트들에게 차별화되고 전문적인 기술을 공유함으로써 보다 경쟁력 있고 전문적인 테라피스트가 되는 데 도움을 주고자 하며, 이 책이 피부 미용 분야를 시작하거나 배우고 있는 학생들에게는 알맞은 지침서가 되기를 바랍니다.

완성도 있는 스파 테라피 책을 만드는 데 있어 자료 탐색 및 탐구가 부족하고 미비한 부분들은 아쉬움이 많이 남습니다. 하지만 이 책이 밑거름이 되어 향후 스파 테라피 매뉴얼 개발과 같은 좀 더 심층적 연구를 바탕으로 스파 관련 전공서들이 활발하게 발표되었으면 좋겠습니다.

2025년 3월 저자 일동

목차

머리말	4

1. 스파의 개요

1) 스파의 정의 및 개념	10
2) 스파의 발전 과정	11
3) 스파 테라피의 감각적 요소	13
4) 물을 이용한 테라피의 발전	15
5) 스파의 유형별 분류	20

2. 스파 마사지 테라피의 종류

1) 전통 마사지 테라피의 종류	28
2) 이완 마사지 테라피의 종류	33
3) 치유 마사지 테라피의 종류	35

3. 스파 테라피를 위한 준비

1) 테라피스트의 자세	44
2) 피부 관리실 위생관리 및 준비사항	46
3) 고객 응대 및 고객 상담	54

4. 스파 뱀부(Bamboo) 테라피

1) 뱀부의 이해	66
2) 뱀부의 특성	69
3) 뱀부의 종류	70

4) 뱀부의 변천사	71
5) 뱀부 테라피의 유형별 분류	73
6) 뱀부 작용의 원리	77
7) 뱀부 테라피의 적용 범위 및 인체에 미치는 효과	78
8) 뱀부 매뉴얼 테크닉의 효과에 영향을 미치는 인자	82
9) 뱀부의 관리 및 소독 방법	84
10) 뱀부 테라피 금기사항 및 테라피스트가 지켜야 할 주의사항	86

5. 스파 스톤(Stone) 테라피

1) 스톤 테라피의 정의 및 이해	90
2) 스톤의 종류	93
3) 핫 스톤(Hot stone)과 쿨 스톤(Cool stone) 테라피의 방법 및 원리	96
4) 스톤 테라피의 효능	99
5) 스톤 테라피의 작용원리 및 인체에 미치는 영향	100
6) 스톤의 세척 및 소독과 보관 방법	102
7) 스톤 테라피의 주의사항 및 테라피스트가 지켜야 할 필수사항	103
8) 스톤 테라피 테크닉	104

6. 스파 바디 디톡스 관리

1) 바디 마스크 및 바디 랩의 이해	114
2) 바디 마스크 및 바디 랩의 적용	115
3) 고객에게 맞는 바디 마스크 및 바디 랩 관리	123

참고문헌	124

1.

스파의 개요

1. 스파의 개요

1) 스파의 정의 및 개념

　Spa(스파)는 라틴어의 'solus per aqua'에서 파생되었으며, '물로부터의 건강'이라는 의미로 정의되고 있다. 스파는 물의 온도, 부력, 압력 등을 이용하여 인체의 혈을 자극, 원활한 혈액 순환과 해소, 질병 예방과 치유, 건강 증진 보조 장비와 더불어 목욕, 미용 시설 및 심신 안정을 위한 다양한 시설 등을 총칭하는 의미로 불리고 있다. 스파는 물, 증기, 마사지 등의 다양한 치유 기법을 결합하여 몸과 마음의 피로를 풀고 혈액 순환을 촉진하여 스트레스 해소를 돕는 데 중점을 두고 있다. 유럽을 비롯한 여러 나라에서 물과 관련된 건강 리조트의 이름으로 다양하게 적용되고 있다.

2) 스파의 발전 과정

물을 이용한 치료법 및 스파 요법은 수천 년의 역사를 함께하고 있다. 자연으로부터 광천수를 사용하거나, 인공적인 물질을 첨가하여 사용한다 하여도 그 본질은 물이다. 벨기에의 'solus per aqua(물을 통한 건강)'이라고 불리는 방법을 로마인들이 사용하였으며, 이것이 스파의 기원으로 여겨진다. 의학의 아버지라고 불리는 히포크라테스는 많은 군인과 병사들에게 건강을 위해 매일 차가운 강이나 바다에서 수영하도록 가르쳤으며, 이탈리아 여자 의사 트로튜리는 아름다움과 날씬함을 얻고자 하는 사람들에게 바다 목욕과 허브를 이용한 입욕에 방법을 권하였다. 또한 로마인들은 개인위생을 위해 입욕을 하였으며, 이러한 입욕 의례는 사회생활의 중심이 되었다고 한다.

유럽의 스파가 '치료를 위한 온천'의 개념으로 받아들여졌다면 대서양을 지나 미국으로 건너가면서 특이한 변형이 일어났다. 치료와 건강 회복이 주목적이었던 유럽의 스파에 반해 미국의 스파는 질병 치료가 목적이 아닌 운동과 피트니스 프로그램, 체중 감량, 미용 관리 등에 기초한 웰니스 라이프의 수단으로 나타났다. 예방의학의 발전과 더불어 1990년대 중반부터 병원에 스파가 도입되었고, 2000년대에는 뉴욕을 중심으로 메디컬 스파가 많이 생겨났다.

건강관리 및 대체의학에 대한 관심이 증가함에 따라 각 나라별로 특색에 맞게 스파 문화가 발전되어 왔으며 이러한 전문 시설들에 '스파'라는 이름이 붙여졌다.

국가별 스파 방법

국가	스파 방법
유럽	사우나와 온천탕을 이용한 질병 치료 및 예방
미국	미용 목적의 운동 및 피트니스 프로그램, 체중 감량, 미용 관리
인도	요가와 명상
태국	리조트 스파
일본	반신욕
인도네시아	자연 추출물을 이용한 아로마 테라피
중국	질병의 예방과 치료
대한민국	피부 미용 및 비만 관리

3) 스파 테라피의 감각적 요소

현대의 스파에서는 압박이나 긴장에 시달리던 사람들이 안식과 휴식을 취할 수 있는 공간으로 진화했다. 스파는 감각을 위한 안식처이며, 진정한 테라피를 위한 스파로 거듭나기 위해서는 시각, 후각, 촉각, 청각, 미각의 모든 감각 요소를 충족해야 한다.

스파 테라피의 감각적 요소 5가지

감각 요소	내용
시각	- 부드럽고 은은한 무드 조명을 둔다. - 나무, 풀, 돌과 같은 자연 친화적 소품을 배치한다. - 깨끗하고 위생적인 룸 컨디션을 만든다. - 관리사의 깨끗하고 단정한 용모를 유지한다.
후각	- 오렌지, 베르가모트, 레몬 등을 블렌딩한 시트러스 계열의 매력적인 향 또는 특별한 시그니처 향을 준비한다. - 라벤더, 일랑일랑, 로즈와 같은 지친 심신에 진정과 편안함을 주는 향을 준비한다.
촉각	- 관리사의 부드럽고 따뜻한 손의 상태를 만든다. - 관리사의 전문적이고 감각적인 테크닉 기법을 구사한다.
청각	- 흐르는 물소리, 새소리와 같은 자연의 소리를 준비한다. - 잔잔한 선율의 피아노 연주곡을 준비한다. - 수면, 휴식을 방해하지 않을 정도의 볼륨을 유지한다.
미각	- 스파 전 릴랙스를 위한 허브티 및 디톡스 워터를 준비한다. - 스파 후 상쾌함을 위한 상큼한 과일이나 간식을 준비한다.

4) 물을 이용한 테라피의 발전

너무나 소중한 자원인 물은 스파 콘셉트의 근원이며 우리 모두는 물 없이 살 수 없다는 것을 잘 알고 있다.

하이드로 테라피는 '질병 치료에 있어 물의 과학적인 사용'이라고 할 수 있다. 우리는 모든 질병 치료에 물을 직접적으로 사용하고 있지는 않지만, 하이드로 테라피라는 용어는 일반적으로 우리의 전문적인 목적을 위한 수중 치료의 개념으로 받아들여져 왔다. 이미 잘 알려져 있듯이, 물은 태초부터 존재하였다.

그러나 우리가 미처 깨닫지 못한 부분이 있다. 물이 이루어 낸 중요한 생명적 역할이다. 하이드로 테라피의 개념은 사실 새로운 것도 아니다. 진정한 하이드로 테라피는 기원전 수천 년 전에 시작되었다.

고대 그리스에서 물은 질병 치료의 근원이며 모든 신들의 왕인 제우스는 비와 폭풍, 번개, 천국과 지구를 다스리는 신이었다. 또한 아폴로의 아들인 아스클레피오스는 치료의 신으로 알려져 있다. 물은 치료와 건강에서 완전한 역할을 수행하였다. 그리스 로마인들에게 그리스 신전이나 강에서의 목욕과 마사지는 치료 의식의 한 부분이었다. 뱀으로 대표되는 아스클레피오스는 살아 있는 물의 상징이었으며 오늘날 사용하는 의학의 상징으로 일컬어지고 있다. 의학의 아버지로 알려진 히포크라테스는 기원전 460년에 태어났는데 자신이 아스클레피오스로부터 전승되었다고 주장하였다. 그는 극소량의 약만을 사용하였으며, 그 대신 자연적 치료약과 워터 테라피를 선택하였다. 히포크라테스는 그리스 생활에서 물을 마시는 것이 가장 중요한 요소라는 생각에 기초를 둔 의학적 치료로 세인의 주목을 받았다. 그는 온수욕과 냉수욕, 물 마시기의 방법을 병마와 싸우는 데 사용하였으며, 약은 차선책으로만 쓰였을 뿐이었다. 그 이후에 로마인들은 목욕 예술을 완벽하게 재창출시켰다. 특히 그들은 바닷물과 흐르는 물에 큰 관심을 가졌다. 그들은 사람들에게 신선한 물을 교환해 주기 위해 저수지와 수로의 광대한 체계를 구축하였으며 발전시켰다. 로마의 정교한 저수지들의 일부 장소는 장대한 샘의 도시인 카르타고에서 아직도 찾아 볼 수 있다. 로마에서는 600여 년 넘게 의사가 없었다는 의견이 물의 치료 능력을 한층 더 증명하였다. 그 후 의사 갈렌(Gallen)은 햇빛과 산소를 함유한 물을 이용하여 순수한 물 마시기, 신선한 공기 마시기, 식사조절 및 운동 등으로 치료를 권장하였다.

현대로 접어들어 영국에서 잘 알려진 찰스 다윈의 아버지인 에라스무스 다윈 박사는 워터 테라피의 위대한 결과를 잘 입증하였고, 심지어 그의 아들을 치료하기도 하였다. 그러나 목욕과 스파의 진정한 개발과 그 기원은 1829년에서 1842년 사이, 남 헝가리의 한 농부인 빈센트 프리스니츠로 거슬러 올라간다. 그는 처음에 자신의 농장의 동물들을 인접한 시내에서 치료했고, 자기 자신도 수레에 부딪쳐 상처를 입은 갈비뼈의 부상도 치료할 수 있게 되었다. 그의 회복 과정에서 냉온 지압을 활용한 물 사용의 전 체계를 발전시키는 큰 계기를 마련하게 되었다. 그 결과로 인해 그의 지휘하에 많은 치료관들이 설립되었지만, 그 결과들을 문서로 남기지 않았기 때문에 그의 명성은 많은 활약만큼 알려지지 않았다. 하지만 그 비슷한 시기에 1821년 바바리아에서 태어난 독일인 세바스찬 크나이프(Sebastian Kneipp)는 그의 건강 문제를 위해 물 치료에 참가하게 되었고 그는 프리스니츠에 대한 얘기를 듣고 냉온 기법을 시도하였다. 그는 자신이 더 강해지기로 마음먹고 바바리아의 추운 한겨울에 얼음물에 뛰어드는 일과를 시작했고, 엄청난 스태미나, 에너지, 힘이 되돌아오는 것을 느꼈으며, 이로써 프리스니츠의 기술을 뒷받침하게 되었다. 그는 워터 테라피와 함께 약초 치료학의 유산을 남겼고 물을 이용한 워터 테라피의 권위자가 되었다. 프리스니츠와 크나이프로 인해, 유럽 전역의 사람들에게는 워터 테라피가 아주 기본적이고 일반적인 치료법이 되었다. 스파의 개발은 특별한 천연의 샘과 순수한 물 등을 가진 지역에서 치료 개념이 유래한 것이며 치료의 목적으로 지어진 리조트가 개발되었다. 이것은 유럽인들의 몸의 예방, 치유적인 개념에 대한 관심의 한 부분이 되었다.

우리 몸에는 많은 양의 물이 필요하다. 일부 사람들은 우리 몸의 혈액과 체액에 염분이 있기 때문에 소금물을 이용하는 것은 치료와 영양 공급의 일환이 된다고 알고 있다. 해열제 혹은 이뇨제, 특정 부상과 화상을 치료하거나 고통 경감 등의 명백한 의학적 장점들을 제외하고는 스파 테라피에서 물을 치료적으로 사용한다. 휴식과 보습, 전신의 자극, 통증의 경감 및 마찰 등의 목적들을 위한 것이다. 물을 기초로 한 처방으로, 미용 제품과 화장품 등 영양 공급을 원활하게 하고 지방과 노폐물 제거를 활성화시키며 신진대사를 촉진시킨다. 그 결과, 몸은 스스로 원하지 않는 독소와 노폐물을 제거한다. 따라서 건강과 아름다움을 위한 효과는 미용 관련 요법에 있어 무수한 물의 사용을 토대로 한다. 스파 테라피는 물로 인해 힘이 넘치고 생명의 근원이 되는 많은 요법들을 제공한다.

스파의 환경과 더불어, 무수히 많은 물의 사용 방법에 대해 연구하면 할수록, 물의 광범위한 특징들과 다양한 응용 방법이 활용될 것이다. 따라서 물을 미용한 워터 테라피가 주목받고 있다.

워터 테라피(Water therapy)의 효과

물은 우리 몸에 미치는 영향과 치료 효능에 대하여 다양한 방법으로 활용되고 있으며, 물에 이용되는 여러 가지 첨가물들은 솔트, 해초, 진흙, 에센셜 오일 등이 있다.

먼저 순환의 측면에서 혈액순환은 많은 방법에서 물에 의해 직접적인 영향을 받는데, 따뜻하거나 차가운 물은 몸의 특정 부위의 순환을 증가시키거나 감소시키는 데 영향을 주기 위해 사용되는 뛰어난 매체의 역할을 한다. 하이드로 테라피는 대표적으로 혈액 순환의 기능을 갖고 있다. 따뜻하거나 뜨거운 물은 모든 조직과 기관에 영양과 산소를 공급하기 위해 모세혈관 확장을 유발시킨다. 그 반대로 차갑거나 시원한 물은 모세혈관 수축을 유발한다. 이런 빠른 자극으로 신체 부종의 감소를 돕는다. 따뜻하고 시원한 물을 교류시켜 하이드로 테라피의 조화를 만들어 내어 모든 처방을 기본으로 활용한 사람이 바로 세바스찬 크나이프(Sebastian Kneipp)이다. 차가운 물은 상쾌한 반면에 따뜻한 물은 편안하다. 차가운 물과 따뜻한 물을 함께 사용하여 몸 건강관리를 하는 방법은 다음과 같다.

온수 요법	냉수 요법
• 높은 온도의 물은 강한 항염증성과 항감염성을 가지고 있다. • 따뜻한 물은 혈액 순환을 증진시킨다. • 열이 발한을 촉진시키기 때문에 독소가 배출된다. • 따뜻한 물에서부터 뜨거운 물은 고통과 불편함을 경감시킨다. • 따뜻한 물에서부터 뜨거운 물은 근육과 신체 완화를 통해 피로를 풀어 준다. • 따뜻한 물에서부터 뜨거운 물은 혈액순환을 증진시켜 유효 성분 침투에 효과적이다.	• 시원한 물부터 차가운 물은 몸에 활력과 자극을 준다. • 시원한 물은 폐, 심장, 피부, 뇌 등 혈류 속도 표시에 큰 효과를 가지고 있다. • 부종을 완화시키며 모세혈관 수축의 효과가 있다. • 수축과 이완을 도와 몸의 저항력을 증가시킨다. • 체내의 히스타민을 방출하므로 피부의 소양감 같은 알레르기 반응을 줄이는 효과가 있다. • 시원한 물은 두통을 감소시키며, 차가운 물은 말초신경을 자극하여 피부가 섭취한 물질의 흡수를 도와준다.

물속에서의 움직임인 아쿠아 스포츠 같은 운동에는 우리가 순환의 효과에 덧붙여 반드시 알고 있어야 하는 물의 또 다른 중요한 측면이 있다. 몸이 물과 같은 유동체에 잠겼을 때, 부력은 물의 변위량에 비례하게 된다. 물에서의 밀도와 저항은 몸을 뜨게 만들고, 근육이 더 잘 움직이게 한다. 사해와 같이 소금의 밀도가 높은 곳은 몸을 잘 뜨게 한다. 또한 하이드로 테라피에서의 호스나 공기 분출에서의 수압과 같은 교란 유동은 노력 없이도 몸을 운동하게 만든다. 이것이 바로 근육 감퇴의 부상이나 고통에서 회복하려는 사람들에게 물이 왜 그렇게 좋은지에 대한 이유인 것이다. 물의 저항과 마찰로 근육을 너욱 강화시키고 균형감각을 향상시키는 데 도움이 된다. 땅에서보다는 훨씬 더 많은 운동을 할 수 있는 장점이 있다. 이런 방법을 이용하여 셀룰라이트 감소와 순환 증진에 효과를 주며 따뜻한 물의 역할은 근육을 완화시키고 몸 전체의 가동성을 증가시킨다. 또한 차가운 물은 자극을 주게 되어 근육 활동을 활성화시키는 효과가 크다.

5) 스파의 유형별 분류

스파의 유형 분류는 현재 자리 잡고 있는 위치와 시설관리의 방침 그리고 제공되는 서비스의 유형에 따라서 여러 형태의 스파로 분류된다.

그 분류는 제공되는 서비스가 이루어지는 장소에 따라 같은 프로그램을 적용하더라도 다른 형태의 스파로 구분될 수 있다. 스파 고유의 목적을 위한 프로그램과 접목 활용이 그 성격과 상황에 따라 달리 적용된다. 하나의 스파가 여러 스파의 성격을 동시에 가질 수 있지만 이들의 공통점은 건강관리(Wellness)로 특화되어 있다. 즉 신체적, 정신적, 영혼적인 필요에 초점을 다양하게 맞추고 있다는 의미이다. 오늘날의 스파는 시설이나 경영, 제공되는 서비스의 유형, 자산의 성질에 따라 나누어지며 일반적으로 흔히 구분되는 유형은 다음과 같다.

목적에 따른 스파의 분류

[1] 메디컬 스파(Medical spa)

의학과 웰니스(wellness) 케어를 결합시킨 서비스와 치료 목적의 트리트먼트를 갖춘 스파이다. 주로 노년층, 수술이나 투병 후 회복 중에 있는 환자들이 주 고객층이며 치료 중심형 스파이다. 특히 의료적 마사지와 물을 이용한 치료법이 결합된 트리트먼트는 동유럽과 스위스에서 더 인기가 많다.

[2] 홀리스틱 스파(Holistic spa)

몸과 마음, 정신을 최적의 상태로 회복시켜 신체의 정상 기능을 개선시켜 주는 방법으로 대체의학적인 치료 방법과 개별 영양 상태와 식단 부분까지 맞추어 제공해 주는 휴양 중심적 스파이다.

[3] 데이 스파(Day spa)

데이 스파는 스파 서비스를 더 효율적으로 이용하기 위해 탄생된 서비스로 주로 도심에서 이용하기 때문에 도시형 스파(Urban spa)라고도 한다. 하루 일정으로 다양하고 전문적으로 관리된 스파 서비스가 고객에게 제공되며, 데이 스파는 조용하고 고요한 공간에서 프로페셔널한 다양한 프로그램을 제공받을 수 있다. 아로마를 이용한 자연 치유적인 방법으로 얼굴, 바디 등 체계적이고 전문적인 서비스를 받을 수 있다.

장소에 따른 스파의 분류

[1] 데스티네이션 스파(Destination spa)

스파 이용객을 위한 맞춤형 프로그램을 운영하는 이른바 '목적형 스파'를 말한다. 고객은 짧게는 며칠, 길게는 몇 주에서 몇 달까지도 체류하며 전문적인 케어를 받는다. 개인적인 체중 감량이나 스트레스 해소, 신체의 회복 등을 위해 방문하여 전문적인 스파 서비스와 신체 건강을 위한 프로그램의 적용으로 전반적인 생활 방식 개선과 건강 증진 등이 가능하도록 한 스파이다. 필요에 따라 환자식, 종교식, 채식 등 제한적 식사가 제공될 수 있으며, 운동 세션 및 치료가 함께 제공된다.

[2] 리조트-호텔 스파(Resort-Hotel spa)

일반적으로 4성급 이상의 고급 호텔 또는 리조트에 속해 있고 규모나 시설이 다양하다. 휴가나 휴양을 즐기러 리조트-호텔을 이용하는 이용객의 특성상 추가적인 휴식 요소를 제공하기도 하며 테라피룸이 아닌 야외수영장이나 프라이빗한 해변가 등에서도 트리트먼트를 받을 수 있는 공간이 별도로 존재하는 리조트-호텔들도 다수 있다. 또한 대부분의 스파 시설에서 숙박 고객들을 대상으로 할인 프로모션을 상시 운영하고 있어 호텔-리조트에 묵는 숙박 고객들은 조금 더 저렴한 금액으로 스파를 이용할 수 있다.

[3] 미네랄-온천 스파(Mineral-hot spring spa)

 시설 내부에 솔트(salt), 해수풀, 머드 온천 등을 갖추고 고객에게 제공되는 스파이다. 온천의 온도는 보통 체온과 비슷한 36.5~39℃ 내외이며, 온천탕 내 분출구를 통해 수압 마사지 등을 체험할 수 있다.

[4] 클럽 스파(Club spa)

클럽 스파는 보통 회원제로 운영하며 피트니스 시설 및 다양한 기기와 서비스가 제공된다. 전문적인 프로그램의 스파 서비스도 제공되고 있다. 뷰티 스파와 헬스와 피트니스 스파의 세분화된 여러 가지 프로그램이 있다.

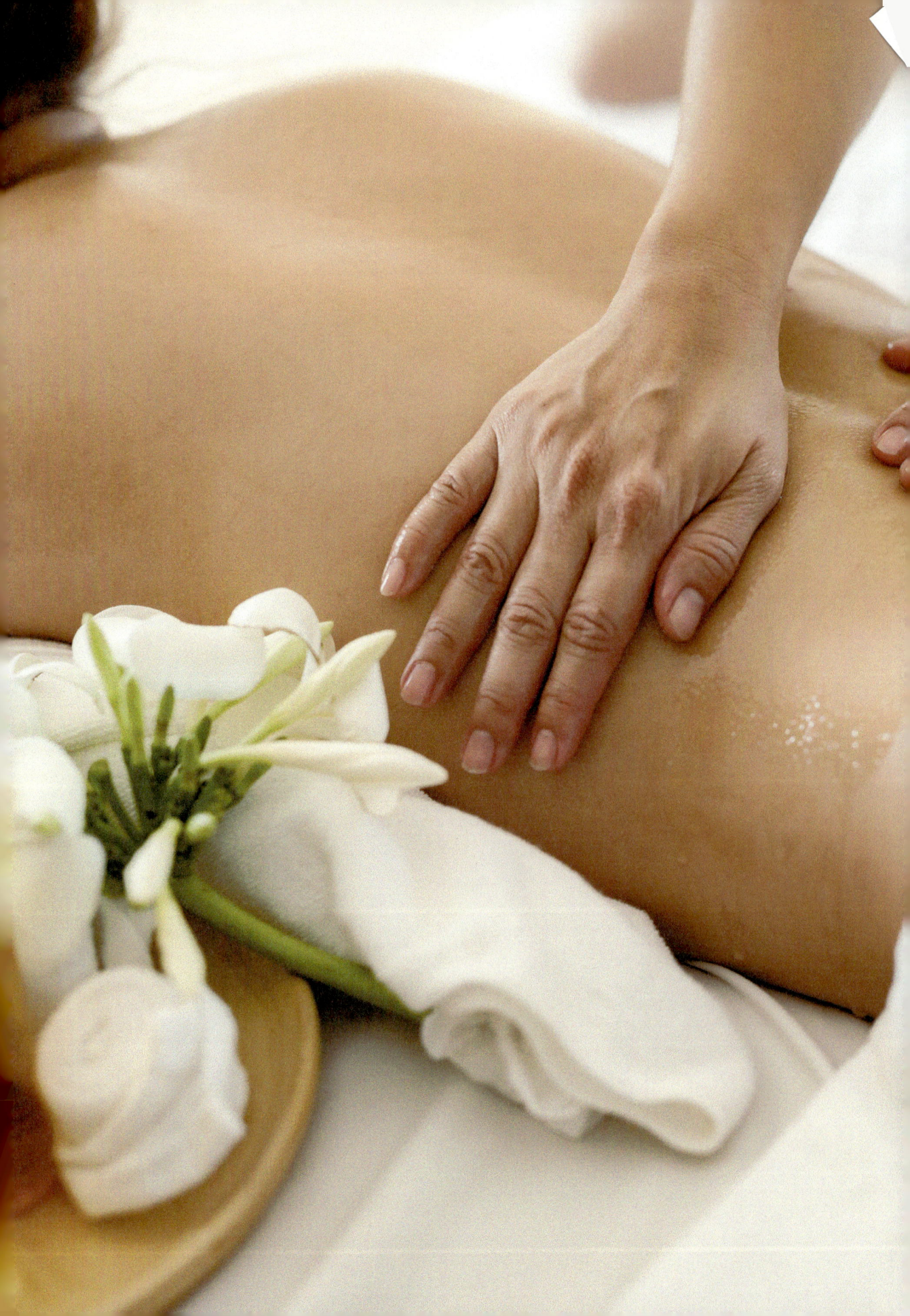

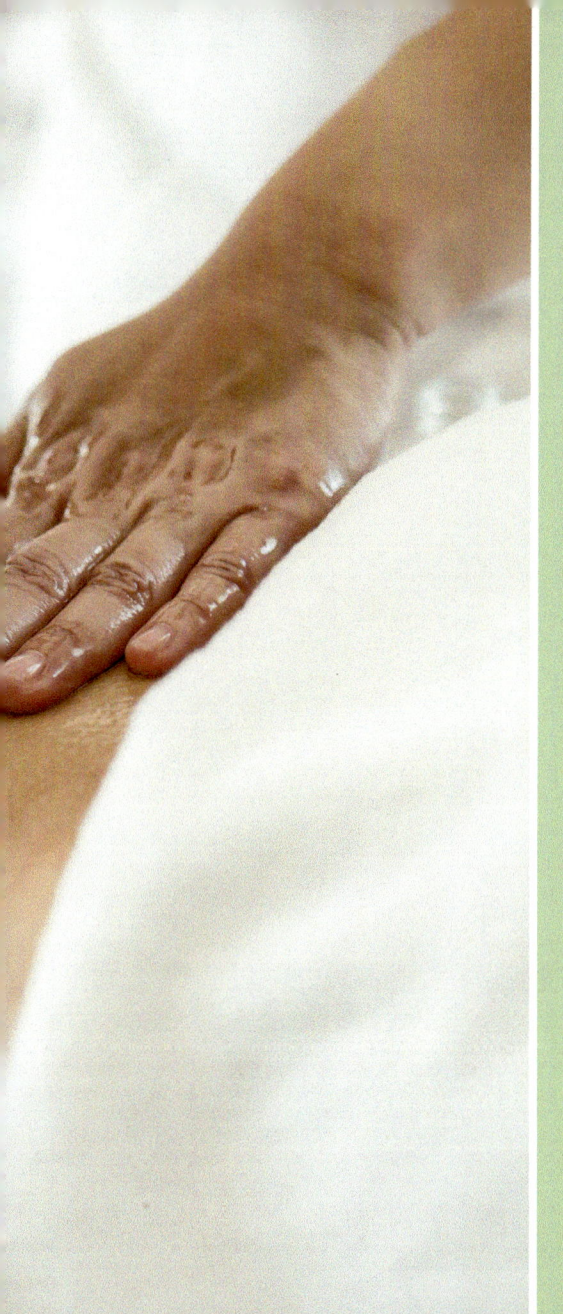

2.
스파 마사지 테라피의 종류

2. 스파 마사지 테라피의 종류

1) 전통 마사지 테라피의 종류

경락 마사지(Meridian massage)

경락 마사지는 한방 물리 요법의 기본으로 노자의 철학을 삶의 이상으로 하는 도가의 수행자들이 시행했던 건강법이라고 한다. 경혈과 경락을 손가락이나 손바닥으로 마찰해 순환을 촉진하고 인체 내의 장기와 연결된 피부 표면을 자극함으로써 체온을 높여 몸의 자연면역 치유력을 높여 준다. 기의 흐름을 원활히 해 주고 전체적인 균형을 잡아 주며 가슴이나 아랫배의 처진 근육들을 위로 수축시켜 몸의 균형을 이루게 한다. 원활한 기 순환을 촉진, 노폐물 제거, 부종 감소, 셀룰라이트 제거에 도움을 주어 바디라인 교정 등에 효과적인 전통적인 마사지에 대표적이다.

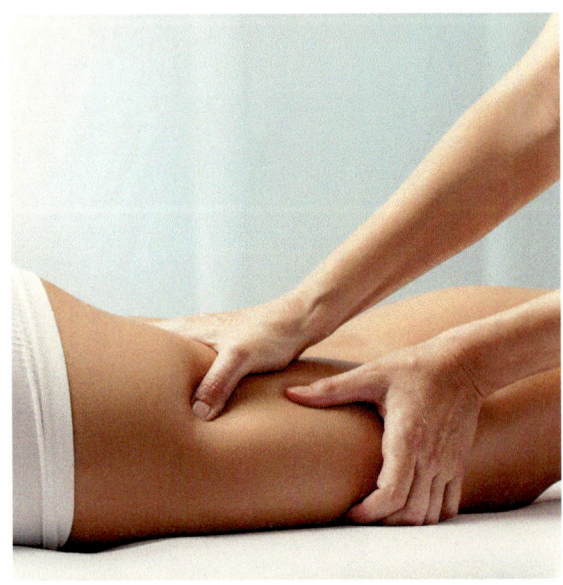

시아추 마사지(Shiatsu masages)

시아추 마사지는 엄지를 비롯한 손가락과 손바닥 그리고 팔꿈치, 무릎 등을 사용하는 일본의 대표적인 마사지이다. 인체의 특정 부위와 포인트에 압을 주어 정적인 리듬과 함께 3초 이상의 지속압 그리고 고객의 중심을 향하는 수직압, 날카롭지 않게 체중의 일부를 사용하여 부드러우면서도 깊은 압을 이용한다.

시아추 마사지는 인간의 몸에 있는 다양한 힘에서 일어나는 불균형의 문제를 다루는 동양 의학의 기본 원리를 기초로 한다. 불편한 곳을 직접적으로 치료하는 것보다 내적으로 문제가 있는 곳을 바로잡는 마사지 기법이다. 고객의 에너지를 정상화시켜 스스로 질병을 이겨 낼 수 있도록 하는 자연 치유력에 중점을 두고 있다. 혈액 순환 촉진과 근육 이완에도 효과적이며, 근골격계의 교정에도 도움을 준다.

타이 마사지(Thai massage)

타이 마사지는 스웨디시 마사지, 시아추 마사지와 함께 세계적 명성을 얻고 있고 또한 태국의 관광산업의 근간이 되고 있다. 타이 마사지는 몸 전체를 마사지할 수 있도록 세부적인 기술 체계로 만들어져 있으며, 그 효과가 매우 뛰어나 세계 최고의 마사지로 인식되고 있다. 타이 마사지는 신체 각 부분의 관절과 근육의 가동 범위의 각도에 맞는 적절한 마사지 기법을 구사한다.

건강과 질병 치료를 위해서 인간의 내부 에너지의 흐름과 균형에 중점을 둔다는 점에서 타이 마사지는 한국적인 마사지와 맥락을 같이하고 있다.

스웨디시 마사지(Swedish massage)

스웨디시 마사지는 세계 3대 마사지 중 하나로 유럽의 의사, 생리학자들에 의해 개발되었고 고객의 몸과 마음을 행복하게 해 주는 가장 기초적인 마사지이다.

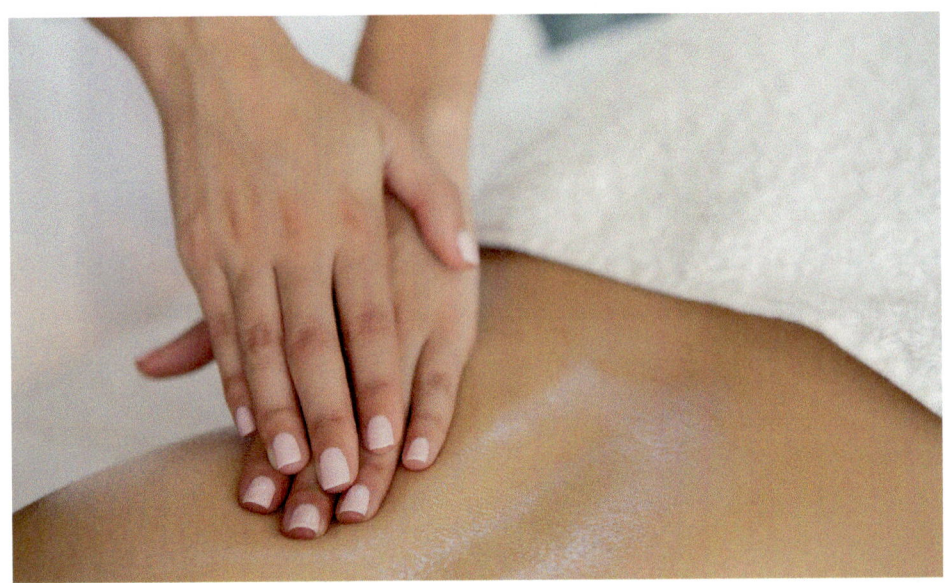

스웨덴 사람인 앙리 피터 링(Henri Peter Ling)이 1812년 유럽의 대표적인 치료 마사지법으로 자신의 신경통을 치료하던 중 제자들과 함께 개발하여 체계적인 기본 마사지 요법으로 사용되었다.

동양의 마사지 기법과 체육학적인 스트레칭 방법을 사용하고 있어 과학적이고 체계적인 시스템을 통해 전 세계적으로 보급되었다.

로미로미 마사지(Lomilomi massage)

로미로미 마사지는 하와이 가족들 사이에서 가족 단위로 계승되어 오던 비밀스러운 치유법으로 1973년 하와이 원주민이자 카후나인 마가렛 마차도(Margaret Machado)에 의해 체계화되었다. 로미로미는 '사랑의 손'이라는 의미를 갖고 있으며 '카후나 마사지' 또는 '알로하 마사지'라고 부르기도 한다. 또한 '하와이 마술사 마사지'라고도 하는데 그들은 로미로미를 "생명의 춤이자 가슴에서 나온 숨결"이라고 믿고 있기 때문이다.

하와이의 원시적이고 자연 친화적인 치유와 예술을 위해 만들어진 하와이의 대표적인 마사지로 단순한 마사지가 아닌 육체적, 정신적 및 영혼적 균형을 이루는 데 도움을 주는 홀리스틱의 마사지이다. 비만 관리, 건강관리, 웰빙으로 이어지며 로마로미 마사지는 전 세계 스파 테라피 시장에서 자리 잡고 있다.

투이 나 마사지(Tui na massage)

투이 나 마사지는 중국에서 수 세기에 걸쳐 내려오는 전통 마사지 기법이다. 에너지 흐름을 조화롭게 하기 위해 다양한 기술을 사용하여 치료하는 방식으로, 지압점과 신경을 자극하고 기의 흐름을 방해하는 요소들을 제거하여 몸의 균형을 찾아 건강을 증진시키고 활력을 찾아 주는 복합 마사지이다. 투이 나 마사지는 일반적으로 한약치료, 침술 등과 함께 사용되며 전신의 건강과 균형을 유지하는 데 도움을 준다.

제로 밸런싱 마사지(Zero balancing massage)

1970년대 프리츠 스미스(Fritz Smith)에 의해 개발된 제로 밸런싱은 뼈 에너지, 다시 말해서 '골격 시스템의 에너지'에 초점을 맞춘 마사지 기법이다. 신체의 에너지와 불균형을 관리해 주며 스트레스 및 통증 감소에 효과적인 동작으로 구성되어 있다. 제로 밸런싱 마사지는 고객이 옷을 모두 갖춰 입은 상태에서 프로그램의 마지막에 30~45분 동안 진행한다.

표준화된 절차에 따라 뼈와 관절, 밸런싱 포인트를 누르고 당기는 동작을 이용하여 신체의 통증과 움직임의 제한을 완화시키는 데 도움을 주고, 집중력 향상과 불면증 치료에 효과적인 마사지 기법이다.

인디언 헤드 마사지(Indian head massage)

인도어로 참피(Champi)라고 부르는 인디언 헤드 마사지는 3,000년 역사의 인도 전통 의학 아유르베다에서 시작되었다. 원래 인도의 헤드 마사지는 머리와 얼굴에 집중되어 있었는데 인도 마사지사 나렌드라 메타가 목과 어깨까지 연결된 인디언 헤드 마사지를 개발하면서 세계적으로 널리 알려졌다. 피부 자극이 적어 예민한 사람도 편하게 받을 수 있고 일반적인 마사지의 이완과 촉진 효과뿐만 아니라 모낭에 혈액 공급을 증가시켜 모발 성장을 촉진시키고 스트레스 완화에 탁월한 효과가 있다. 마사지가 끝나면 30분 이상 누워서 휴식을 취하게 하는 것이 특징이다.

2) 이완 마사지 테라피의 종류

라스톤 테라피(Lastone therapy)

라스톤 테라피는 고대 주술사들이나 샤먼들이 화산의 폭발로 생긴 검정색의 현무암을 이용하여 병든 사람들을 치료하는 민간요법에서 그 유래가 시작되었다. 가장 최근에 발달된 마사지 중의 하나로 자연의 에너지가 응축된 돌을 따뜻하게 또는 차갑게 한 후 몸에 교차하여 문지르고 자극하여 긴장 완화 및 통증을 억제시키는 데 사용하였다.

현무암은 원적외선의 발생으로 기의 흐름과 혈액 순환을 원활하게 하고 지방 연소를 촉진하며 스트레스 해소에도 효과적이다. 라스톤 테라피는 1990년대 초반 미국에서 에스테틱 분야에서 프로그램으로 개발된 후 세계적 웰빙 추세와 함께 호텔, 리조트, 데스티네이션, 스파뿐만 아니라 데이 스파 서비스에서도 인기 있는 테라피이다.

쉘 테라피(Shell therapy)

쉘 테라피는 남태평양의 조개를 이용한 마사지로 해조류와 사해 소금 등으로 이루어진 발열제를 조개에 넣어 진행하는 테라피이다.

인체의 뼈와 치아의 구성물질인 탄산칼슘으로 이루어진 조개가 열을 발생해 피부에 탄력을 부여하고, 피부세포 재생을 촉진하며 원적외선을 방출시켜 심부열을 높여 주는 효과가 있다. 심부열의 발생으로 원활한 혈액 순환을 촉진, 노폐물 제거에 도움을 준다.

체어 테라피(Chair therapy)

체어 테라피는 특수한 형태로 제작된 마사지 의자에 앉아 10~30분 내외 짧은 시간 동안 마사지를 진행하며, 짧은 시간이 소요되므로 직장인들에게 선호도가 높다. 팔과 어깨를 많이 사용하는 사람들에게 쉽게 생기는 스트레스성 근육경직을 해소하는 데 큰 효과가 있다.

특수 의자는 태아의 웅크린 모습에서 아이디어를 얻어 고안되었으며 목, 어깨, 팔, 손 부위 등을 마사지받을 때 가장 편안한 자세를 유지할 수 있도록 디자인되었다. 출산이 가까운 임산부 및 장시간 업무에 시달리는 사람들에게 인기 있는 테라피이다.

산전/산후 마사지 테라피(Pre/postnatal massage therapy)

산전, 산후 관리는 단계별로 적절한 관리가 필요하며 임신 개월 수에 따라서 맞춤형 테라피가 필요한 전문 관리이다. 임신으로 인한 허리, 목, 어깨 및 관절의 통증을 감소시키며, 튼살을 예방하고, 많은 변화로 찾아오는 심리적, 육체적 스트레스를 줄여 주는 테라피이다. 또한 산모의 안정적인 휴식을 제공하여 혈액 순환을 도와 태아의 성장과 산모의 건강한 출산을 돕는다. 임산부와 태아를 위해서 숙련되고 조심스러운 관리가 제공되어야 한다. 산후 마사지는 부종 완화와 피부 탄력, 슬리밍 관리에 효과적인 테라피이다.

유아 마사지 테라피(Baby massage therapy)

유아 마사지는 유아와 가족 모두에게 효과적인 테라피이다. 자극을 통해서 아기가 건강한 신체 발육을 할 수 있도록 돕고, 신체적 스킨십을 통해 정서적인 교감이 잘 형성된다.

유아 마사지는 아기의 면역세포가 증가해, 외부 자극에 대항할 수 있는 저항력과 면역력을 키울 수 있으며, 두뇌 발달과 인지력 향상에 도움을 준다. 유아에게 편안한 수면을 유도하여 성장을 촉진시켜 주며 부모가 함께 해 주는 마사지는 아기와 부모 사이의 유대관계 형성에 아주 큰 도움을 준다.

3) 치유 마사지 테라피의 종류

아로마 테라피(Aroma therpy massage)

아로마(Aroma: 향기)와 테라피(therapy: 치료·요법)를 합성한 용어로 향기 치료·향기 요법이다. 질병예방 및 건강 증진 미용 등의 목적으로 향기 나는 허브에서 추출한 100% 순수한 에센셜 오일을 이용하는 자연 치유법이다.

식물의 꽃, 줄기, 잎, 뿌리 부분에서 추출된 에센셜 오일은 스파 관리에서는 목욕법과 습식 마사지법, 흡입법으로 활용할 수 있다. 목욕법은 욕조에 에센셜 오일을 넣어 사용하는 것으로 피부를 통한 흡수의 방법이다. 흡입법은 다양한 방법으로 공기 중에 확산시켜 코를 통해 흡수하는 방법이며 마사지법은 모든 마사지 오일이나 크림에 혼합하여 피부에 직접 흡수시키는 방법으로 바디 마사지와 페이셜 마사지로 구분해 사용된다. 산림욕이나 해수 요법(탈라소 테라피), 온열 요법(테르모 테라피) 등과 함께 스트레스 해소의 자연 요법으로서 각광받고 있다. 농도가 너무 짙거나 오랜 시간 냄새를 맡을 경우, 또는 의사의 처방 없이 정유를 먹을 경우에는 부작용을 초래하여 알레르기나 피부에 이상반응을 일으킬 수 있다. 임산부의 경우에는 주의가 필요하다.

림프 드레나쥐(Manual lymph drainage)

1932년 덴마크의 생리학자이며 전문 마사지사인 에밀 보더(Emil Vooder) 박사와 부인 보더 여사는 프랑스에서 마사지 치료사로 활동하면서 림프 드레나쥐에 대한 본격적인 연구를 시작하였으며 '림프 드레나쥐'라는 용어를 처음으로 사용하였다. 림프 드레나쥐는 림프 순환을 촉진시켜 세포의 대사물질 및 노폐물의 배출을 도와 조직의 영양 대사를 원활하게 해 주는 마사지 기법이다. 부교감 신경을 자극하여 저항력을 증진시키고 부종 완화에 탁월한 효과가 있으며, 예민한 피부와 여드름 피부에도 적용할 수 있는 테라피이다. 고객이 완전히 이완하고 있는지 고객의 표정을 살피고 시술 중에는 고객에게 말을 걸지 않도록 주의한다.

허브볼 테라피(Herb ball therapy)

허브를 싼 주머니를 이용한 수백 년의 역사를 가진 태국 고유의 전통 온열 치료법이다. 수코타이 왕조 때부터 현대까지 약 860년간 다양한 방법으로 활용되어 왔다. 허브볼은 고유의 처방전에 따라 태국에 자생하는 약용 허브 7~20여 가지를 배합하여 무명천으로 감싸 마사지하기 좋은 형태로 만들어 크기에 따라 사용하며 부위에 따라 사용하는 허브볼이 다르고 끓는 물에 찌면서 피부에 직접 접촉하여 사용한다. 독소 배출과 피로 회복 및 에너지 대사를 증진시키는 약용효능이 뛰어난 치료법으로 각광받고 있는 테라피이다.

스포츠 마사지(Sports massage)

스포츠 선수들의 부상 방지와 경기력 향상을 위해 만들어진 프로그램 중 가장 효과가 높고 스포츠 선진국에서 선수 체력 관리법으로 가장 우선시하고 있는 최고의 체력 관리 시스템이다. 스포츠 마사지는 우리 인체 중 주로 근육을 다루는 요법으로 문지르거나 쓰다듬고 비비고 압박하는 방법을 이용해 피부와 근육에 자극을 가해 체내의 혈액과 림프액의 순환을 촉진시켜 신진대사를 원활하게 해 주는 맨손관리 요법이다. 정신적 및 육체적 안정을 확보해 줌으로써 최상의 컨디션을 유지하여 스포츠 상해를 미연에 예방하고 운동기능을 향상시켜 선수 자신의 기량을 최대한 발휘할 수 있도록 보조적 역할을 수행하는 데 탁월한 효과가 있는 테라피이다.

딥 티슈 마사지(Connective tissue massage)

'만성적 구축 조직(굳은 조직)의 최대 이완과 심부 조직을 세밀하게 적용관리 할 수 있다'라는 뜻에서 딥 티슈 마사지라고 한다. 딥 티슈 마사지는 인체 조직(Tissue) 즉, 상피 조직, 결합 조직, 근육 조직, 신경 조직의 표층에서 심부 조직 딥 티슈층(Deep Tissue Layer)을 포함하여 다스리는 결합 조직과 심부 연부 조직 수기 치료 형식의 마사지 테라피이다. 특징적인 마사지의 용어처럼 딥 티슈 마사지는 표층 결합 조직을 이완시켜 나가며 심부 조직 내로 진행하여 적용하는 수기법을 사용한다. 딥 티슈 마사지의 주목적은 심부에 위치하고 있는 통증, 조직 응결, 근막 기능 및 조직 구조를 재정렬하는 데 있으며 만성질환과 심부 통증 질환을 치유하는 데 효과적이라는 연구 결과가 있다. 딥 티슈 마사지는 그 치유 효과를 국제 수기의학과 마사지 의학계에서 인정받고 있는 테라피이다.

발 반사 요법(Reflexology)

발 반사학의 창시자는 미국의 윌리엄 피츠제럴드(William Hope FitzGerald) 박사로 알려져 있으며 그는 동료 에드윈 바우어스(Edwin Bowers)와 함께 1916년 존 테라피(Zone Therapy)라는 이론을 발표하여 대중에게 활발히 전파시켰다. 미국의 물리치료사 출신의 유니스 잉햄(Eunice Ingham)이 발 반사구를 체계화하고 완성함으로써 발 반사 요법이 탄생하게 되었다. 인체의 해부학적 구조와 발의 에너지 구역 사이의 상관관계를 밝혀냄으로써, 발이 모든 신체 조직을 반영하고 있다는 사실을 발견했다. 이 치료 방법은 고대 전래 의학을 해부학, 생리학을 기초로 한 과학적인 현대 의학으로 만들어졌다. 발 반사의 대표적인 효과는 인체 각 기관의 저항력 및 질환을 예방하고 자연 치유의 기능을 강화하는 것이다. 현재 전 세계적으로 많은 학회가 있으며 널리 보급되어 건강 증진·관리에 활용되고 있다.

뱀부 테라피(Bamboo therapy)

대나무를 이용하는 마사지 테라피로 오래된 치유 예술 마사지 중 하나이다. 고대 힌두교도 및 페르시아와 이집트는 많은 질병 관리에 뱀부 테라피를 적용하여 관절과 순환계 문제에 마찰의 방법으로 뱀부 테라피 사용을 권장하였다. 뱀부 테라피에서 사용할 수 있는 테크닉으로는 주로 마찰 기법으로 근육과 인체의 부드러운 조직에 압력, 진동을 주면서 스웨디시 마사지에 적용되었던 문지르기, 쓰다듬기, 진동하기, 두드리기 등을 사용한다. 건식으로 옷을 입은 상태에서도 이루어지지만, 습식의 방법으로 오일을 도포한 상태에서 마사지를 한다면 근육과 피부의 마찰과 자극을 줄이면서 테라피를 제공할 수 있다.

브리마 바디워크(Breema bodywork)

브리마 바디워크는 파트너와 함께하는 요가 동작 및 타이 마사지에서 유래한 바디워크의 한 형태로서 시술자와 환자 또는 셀프 브리마로 호로하는 방식으로 구성되어 있다. 브리마 바디워크는 신체의 통증과 문제점의 치유보다 몸과 마음의 에너지 균형을 이루는 데 초점을 맞춘 관리의 요법이다. 고객을 편안하게 바닥에 눕히고 테라피스트는 부드러운 스트레칭과 활력을 주는 동작을 취할 수 있도록 한다. 브리마 바디워크는 뭉친 근육을 이완시키고 균형을 찾아 주는 관리 방법이며 림프 순환과 혈액의 순환을 돕는 동작으로 이루어져 있는 테크닉의 테라피이다.

알렉산더 테크닉(Alexander technique)

오스트레일리아 출신 연극배우 프레드릭 마티아스 알렉산더(Frederick Matthias Alexander)가 창안한 삶의 재교육의 방법으로 근육을 효율적으로 이용하고 신체의 자세와 운동을 향상시키는 방법이다. 자연 원리 체계를 단계적으로 진행해 가는 교육을 통해 잘못된 습관과 스스로 인지하지 못하는 고정된 사고와 스트레스나 피로의 원인이 되는 잘못된 몸의 습관으로부터 벗어나 심신의 조화를 회복할 수 있도록 하는 것이다. 불필요한 많은 에너지를 소모하는 습관 대신 전체적으로 조화롭고 효율적인 몸의 사용을 익힘으로써 몸과 마음의 관계를 깊이 이해하며 자기의 의식을 사용하는 기술이다. 알렉산더 테크닉은 잘못된 습관에 의한 삶의 방식을 변화하여 창조적인 삶을 살 수 있도록 하고 건강과 행복을 추구하는 무엇이 아니라, 그것을 회복시키는 삶의 기술의 테라피이다.

롤핑 테크닉(Rolfing technique)

1940년 생물학자 아이다 P. 롤프(Ida P. Rolf)에 의해 개발된 마사지 요법으로 인간의 몸을 구성하는 신체 부위들이 구조적으로 제자리에 있어야만 신체의 모든 기능이 건강하게 움직인다는 것을 기초로 하여 만들어진 것이 롤핑 테크닉이다. 롤핑은 짧아진 근막을 풀어 주고, 근막이 풀어지면서 근막 안에 있는 근육의 불균형을 잡아 주며, 결과적으로 신체의 깨어진 불균형으로 인해 나타나는 작용과 보상작용을 모두 해결해 주는 관리법이다. 그리고 롤핑 테크닉으로 근막 체계가 정상화될 때 신체는 중력에 대해 균형을 이루게 되고 신체의 각 부분은 바르게 재정렬을 이루게 된다. 롤핑 테크닉은 자세 교정, 통증 완화 및 정서적인 편안함을 가져다주며 운동 능력 향상 등에 아주 뛰어난 장점들이 있다.

제리아트릭 마사지(Geriatric massage)

제리아트릭 마사지는 고령자 즉 노인을 대상으로 하는 것이며 노인 복지 시설과 실버타운 등에서 노화로 인한 질병과 정신적, 신체적 변화들을 미리 예방하고 치료하기 위해 개발된 맞춤형 마사지 기법으로 일반적인 마사지 기법과는 다른 노인의 신체 상태에 맞게 진행되는 관리이다. 제리아트릭 마사지의 경우 고령자를 대상으로 하기 때문에 통증 완화와 편안함을 제공하는 것을 목적으로 하며 마사지의 효과가 오래 지속되지 않으므로 꾸준하고 지속적인 관리가 필요하다. 만성통증, 관절염, 골다공증과 같은 질환을 가진 고령자들에게 유용하므로 전문가의 숙련된 노련함과 경험이 필수적이다.

트리거 포인트 테라피(Trigger point therapy)

트리거 포인트는 동양의 경혈점과 비슷한 개념으로 서양에서는 통증의 원인이 되는 곳을 트리거 포인트 또는 압통점이라 한다. 우리 몸에는 근육의 긴장 및 외상 반복적인 근육의 수축, 만성화된 근육의 긴장도에 의해 근육 자체의 수축기전의 이상으로 근육이 짧아지거나 근막의 유착으로 근육이 비대해진다. 이로 인해 근육막이 탄력성을 잃어버리고 체액의 흐름이 원활하지 않아 면역력이 저하되면서 방사통이 나타날 수 있다. 이런 경우 정확히 파악하여 수축과 이완 기능을 함께 일으켜 압통점의 긴장도를 떨어뜨리는 동시에 근육의 활성화를 통해 회복시켜 주는 트리거 포인트 테라피가 필요하다. 만성통증이나 근골격계 문제를 가진 사람들에게 효과적이며 특히 목, 어깨, 허리, 다리 부위 통증 완화에 도움이 되는 관리법이다.

장기수기 요법 테라피(Visceral manipulation therapy)

장기수기 요법은 신체의 내부장기를 부드럽게 터치하여 특정한 수기적인 힘을 사용하여 그 기능을 개선하고 전신의 균형과 기능을 관리하는 기법이다. 내부장기의 연결조직과 신체의 다른 생리학적인 기능장애 부분을 정상적인 운동성과 조직 원래의 움직임을 되찾는 데 중점을 둔다. 내부장기는 근막 조직에 둘러싸여 있기 때문에 미세

한 움직임을 통해 기능을 수행함으로 장기수기 요법은 이러한 자연스러운 움직임이 제한된 곳에 회복이 빠르게 나타난다. 우리 몸의 장기들은 최적의 기능을 찾기 위해서는 움직여야 하지만, 질병이 발생할 경우 정상적인 활동을 할 수 없으므로 이러한 때에 움직임을 정상적으로 만들어 주는 것이 장기수기 요법 테라피이다.

3.

스파 테라피를 위한 준비

3. 스파 테라피를 위한 준비

1) 테라피스트의 자세

기본 자질

테라피스트는 테크닉에 필요한 전문 지식을 갖추고, 꾸준한 연습을 통하여 관리 능력을 몸에 익혀야 한다. 더 나아가 관련된 분야를 학습하거나 심화된 테크닉을 습득하여 자질을 향상시킨다. 고객의 입장을 이해하고 원하는 바를 정확하게 파악하여 문제점을 해결할 수 있도록 올바른 조언과 충고도 중요하다. 긍정적 사고와 성실함, 매너, 언어습관 등을 익혀 테라피스트로서 자격을 갖추고 고객들에게 신뢰를 받아야 한다.

윤리 의식

윤리 의식은 올바른 행동과 사회에서 관계를 규정하는 규범·원리를 지키고자 하는 인식으로 피부 관리실 내에서 관계를 맺음에 있어 서로 존중하며 우호적인 관계를 유지한다. 스파 테라피 관리 전에는 술, 환각제 등을 복용하여서는 안 되며, 관리 중에는 신체 접촉에 유의하여야 한다. 고객과 신뢰를 바탕으로 관계를 유지하고 있으므로 진솔하게 대화하여야 하며, 지키지 못할 약속은 하지 않아야 한다. 고객과 대화를 통하여 알게 된 개인정보 또한 비밀 유지될 수 있도록 사생활을 존중한다.

외모

고객의 테라피스트에 대한 첫인상은 매우 중요하다. 단정하지 못한 모습으로 고객을 맞이하면 고객에게 좋은 인상과 신뢰감을 줄 수 없으므로 위생적이고 단정한 차림을 항상 유지하여야 한다. 고객을 맞이하거나 관리 시 항상 친절하고 밝은 미소로 대한다. 고객과 대화 시에는 적절한 음성과 올바른 언어 사용으로 고객이 불편함을 느끼지 않도록 한다.

[1] 복장

테라피스트의 복장은 고객에 대한 기본적인 예의이며 전문가로 보일 수 있는 상징이다. 명찰을 항상 착용해 고객에게 자기를 알리고 신뢰감을 조성한다. 관리를 하기에 자유롭고 편안한 복장을 선택하며 관리 시 불편함이 없어야 한다.

[2] 헤어스타일

머리는 단정하게 묶어 머리망을 하거나 머리핀 등으로 고정하여 흘러내리지 않도록 헤어스타일을 유지한다.

[3] 메이크업 & 향수

수수하면서 생기 있어 보이는 메이크업을 하며 진한 화장은 피하는 것이 좋다. 또한, 스파 테라피 관리 중에는 화장품이나 아로마 등 향에 노출되는 경우가 많으므로 향수는 사용하지 않는 것을 권장한다.

[4] 신발

신발은 복장과 잘 어울리고 심플한 것이 좋으며 움직일 때 소리가 나지 않도록 신발 바닥의 소재도 고려한다.

[5] 손톱

손톱은 항상 짧고 청결하게 유지하여야 하며 매니큐어는 바르지 않는다. 긴 손톱은 고객의 피부를 자극할 수 있고 원활한 관리가 이루어지지 않으므로 주의가 필요하다.

2) 피부 관리실 위생관리 및 준비사항

위생관리

위생관리는 개인과 환경의 청결을 유지하고 질병을 예방해야 한다.

스파 테라피실에서는 위생과 청결을 우선하여 서비스를 제공하여야 한다. 스파 테라피 관리 시 사용되는 제품과 도구 또한 위생적으로 관리할 수 있도록 한다. 도구는 일회용으로 사용하고 침대시트 및 이불 등의 소독을 철저히 한다.

[1] 관리실

- 온도는 23~25℃ 정도로 유지하며, 습도는 40~50%의 적정한 습도를 유지한다.
- 환기 및 방음 시설을 갖추고 있어야 한다.
- 간접 조명(75룩스 이상)을 설치하여 안락한 분위기를 조성한다.
- 스파 테라피 관리 시 사용되는 도구는 사용하기 전에 반드시 자외선 멸균 소독을 한다.
- 왜건은 항상 청결하게 유지한다.
- 해면과 타월은 항상 소독하여 제자리에 비치한다.

[2] 상담실 & 대기실

- 테이블, 소파, 바닥 등을 깨끗하고 위생적으로 관리한다.
- 안내 책자, 잡지, 책 등을 정리하고 정기적으로 최신 자료로 교체하여 놓아둔다.
- 휴지통, 화분 및 꽃 등의 상태를 점검한다.

[3] 탈의실

- 계절별 가운의 상태를 확인하고 체크하여 준비해 둔다.
- 고객 가운을 자주 세탁하여 청결한 상태를 유지한다.
- 슬리퍼 준비 및 상태를 확인한다.

[4] 화장실

- 환기와 방취에 신경을 쓰고 그 어느 곳보다 위생적이고 청결하게 관리하여야 한다.
- 화장지, 핸드워시, 핸드타월 등 비품의 상태를 확인한다.

① 피부 관리실 오픈 준비 체크리스트

기간				점검자		
점검사항	월	화	수	목	금	토
조명도 확인						
환기 시설 가동 여부						
냉·난방 시설 가동 여부						
청소 여부						
세탁 및 건조 여부						
피부 미용기구 및 도구 소독						
소독기· 자외선 살균기 가동 여부						
예약 스케줄 확인						

② 피부 관리실 마감 체크리스트

기간				점검자		
점검사항	월	화	수	목	금	토
조명도 확인						
환기 시설 가동 중지 여부						
냉·난방 시설 가동 중지 여부						
청소 여부						
쓰레기 정리						
소독기· 자외선 살균기 가동 중지 여부						

③ 화장실 체크리스트

기간				점검자		
점검사항	월	화	수	목	금	토
소모품 리필						
변기 청결도						
거울, 세면대 청결 상태						
바닥 물기						
쓰레기 정리						
핸드드라이기 작동 여부						
화장실 악취						

④ 테라피스트 용모 및 복장 체크리스트

구분	점검 항목	○	×
머리	청결하게 손질되어 있는가?		
	머리망을 착용하고 있는가?		
	앞머리가 눈을 가리지 않는가?		
화장	건강한 느낌을 주고 있는가?		
	피부 및 색조 메이크업이 적절한가?		
복장	유니폼이 구겨지지 않았는가?		
	얼룩은 없는가?		
	실밥이 튀어나온 부분은 없는가?		
	마스크를 착용하였는가?		
손	손톱의 길이는 적당한가?		
	굳은살은 정리되어 있는가?		
신발	깨끗한 상태인가?		
	걸을 때 소리가 나지 않는가?		
액세서리	액세서리를 착용하고 있는가?		

⑤ 스파 테라피 관리 전 체크리스트

기간				점검자		
점검사항	월	화	수	목	금	토
관리베드, 온장고 전원 상태 확인						
관리가운, 일회용 속옷 준비						
온·냉습포 준비						
건타월 준비						
미용솜·거즈·해면·터번 준비						
피부 미용 도구 및 기구 준비						
왜건 및 관리용 화장품 준비						
헤어 도구 준비						

⑥ 스파 테라피 관리 후 체크리스트

기간				점검자		
점검사항	월	화	수	목	금	토
관리베드, 온장고 전원 상태 확인						
관리가운 세탁						
온·냉습포 세탁						
건타월 세탁						
미용솜·거즈·해면·터번 정리						
피부 미용 도구 및 기구 정리 및 소독						
왜건 및 관리용 화장품 정리 및 소독						
헤어 도구 정리 및 소독						

3) 고객 응대 및 고객 상담

고객 응대

피부 관리실에 대한 고객의 첫인상은 처음 응대 직원의 역할이 중요하며, 이때 피부 관리실의 이미지가 결정된다. 따라서 고객 응대는 중요한 업무 중 하나이며 고객이 업체에 대한 호감을 가질 수 있도록 하는 것이 중요하다.

[1] 테라피스트의 고객 응대 시 마음가짐

- 고객에게 따뜻한 마음을 가지고 성의 있게 응대한다.
- 올바른 예절을 갖추고 적극적인 태도로 고객의 의도를 정확히 파악한다.
- 고객의 성격 및 특성을 신속하게 파악한다.
- 고객과의 약속은 어떠한 경우라도 반드시 지킨다.
- 고객을 기다리게 할 때는 미리 양해를 구한다.
- 고객이 무례를 범하여도 고객과 논쟁하지 않는다.

[2] 고객 응대의 기본 예절

(1) 자세
- 서 있는 자세는 고객 응대 시 가장 기본이 되는 자세로 가슴과 허리는 펴고 머리와 목, 등은 일직선이 되도록 곧게 유지한다.
- 앉은 자세에서는 무릎과 양발은 붙이고 발끝은 정면을 향하도록 하며, 턱을 당기고 시선은 앞을 향한다.
- 보행 자세는 등을 세우고 배를 당기며 직선 방향으로 앞을 보면서 바른 자세로 걷는다.

(2) 표정
- 활기찬 얼굴로 입가에 미소를 지어 보인다.
- 상황에 맞는 표정으로 고객 응대를 한다.

(3) 말투

- 생동감 있고 부드럽게 말하며 적절한 속도와 정확한 발음으로 전달력을 높인다.
- 부정어를 사용하지 않으며 신뢰감과 만족감을 주는 말투로 고객 응대를 한다.

[3] 고객의 기본적인 욕구

- 고객은 환영받고 싶어 하며 자신이 기억되기를 바란다.
- 고객은 관심을 바라고 자신이 중요한 사람으로 인식되기를 바란다.
- 고객은 존중과 칭찬을 받고 편안해지고 싶어 한다.
- 고객은 기대와 요구를 수용해 주기를 바란다.
- 고객은 손해를 보지 않고 최상의 기술과 서비스를 받고 싶어 한다.

[4] 상황별 고객 응대

(1) 고객 방문 시 응대

- 밝은 표정으로 고객을 맞이하며 등을 펴고 팔과 손을 이용하여 안내한다. 이때 팔은 몸통과 주먹 하나 들어갈 정도로 벌리고, 손의 높이는 가슴 부근에 위치할 수 있도록 한다.
- 방문 고객의 성함을 기억하여 친근함을 느낄 수 있도록 하며 현재 컨디션 및 특이사항은 없는지 확인한다.

(2) 관리실에서의 응대

- 고객보다 테라피스트가 한 발자국 앞에 위치하여 관리에 들어가기 전 준비사항을 안내한다.
- 스파 테라피 관리 과정을 상세하게 안내하여 고객이 신뢰감을 느낄 수 있도록 한다.
- 관리 중에는 편안하게 받을 수 있도록 최소한의 대화를 나눈다.

(3) 스파 테라피 관리 후 응대

- 고객의 관리 만족도 및 불편 사항을 체크하여 다음 관리 시 반영한다.
- 고객을 문 앞에서 배웅하며 밝은 표정을 유지한다.

전화 응대

전화는 가장 편리한 수단으로 언제, 어디에서든 사용할 수 있어 접객의 주요한 도구이다. 그러나 음성에만 의존하기 때문에 응대에 여러모로 어려움이 있어 주의가 필요하다. 전화 응대는 고객과 소통할 때 적절한 목소리의 태도와 매너를 갖추어야 한다. 그리고 정확한 정보 전달이 있어야 고객의 만족도를 높일 수 있다. 전화 응대는 정중하고 부드러운 목소리로 정확한 정보 전달이 이루어져야 고객과의 신뢰감을 형성할 수 있다.

[1] 테라피스트의 전화 응대 시 마음가짐

- 불친절한 전화 응대가 관리실의 이미지에 악영향을 미칠 수 있다는 점을 명심한다.
- 음성만으로 내용을 표현해야 하므로 세심하게 주의를 기울인다.
- 스파 테라피에 관한 지식 향상에 주력하여야 한다.
- 신속 정확하게 도움을 주려는 태도가 필요하다.

[2] 전화 응대의 기본자세

(1) 전화를 받을 때

- 전화벨이 3번(10초) 울리기 전에 전화를 받는다.
- 피부 관리실 상호명과 직급 및 이름이 정확히 들리도록 인사한다.
- 필요에 따라 5W 1H에 의해 메모하면서 용건을 듣는다.
  "Who(누가), When(언제), Where(어디서), What(무엇을), Why(왜), How(어떻게)"
- 고객의 인적사항을 정중히 확인하고 중요한 내용은 복창하고 고객에게 재확인한다.
- 고객이 먼저 끊는 것을 확인하고 수화기를 내려놓는다.

(2) 전화를 걸 때

- 고객의 입장[TPO: Time(시간), Place(장소), Occasion(상황)]을 고려하여 전화를 걸어도 될지 생각한다.
- 고객의 수신을 확인 후, 인사말과 함께 자신의 직급과 이름을 밝힌다.
- 통화 중 전화가 끊기면 곧장 다시 걸어 상대방이 기다리지 않게 한다.
- 전화를 끊을 때 반드시 마무리 인사를 하고 조용히 수화기를 내려놓는다.

[3] 상황별 전화 응대

(1) 전화를 돌려 줄 경우
- 전화받을 사람을 확인한다.
- 송화구를 막고 전화받을 사람에게 고객의 인적사항을 전달한 후 연결해 준다.
- 전화를 연결한 후에는 연결이 제대로 되었는지 확인한다.
- 전화받을 사람이 부재이거나 받을 수 없을 경우에는 상황을 설명하고 메모한다.

(2) 잘못 걸려 온 전화일 경우
- 몇 번으로 전화하였는지 확인하고 잘못 걸었음을 안내한다.
- 잘못 걸려 온 전화도 친절하게 응대한다.

(3) 불편 전화일 경우
- 고객의 불평 내용을 끝까지 경청한다.
- 변명하지 않고 고객의 불편 사항을 정리한다.
- 불만의 원인을 파악하여 정중하게 사과하고 최선의 해결책을 찾아 대처한다.

고객 상담

상담은 상호 간 심리적으로 협조하여 개인의 인격 변화를 가져오는, 사람들 사이의 깊은 이해라고 할 수 있다. 상담의 구성요소는 세 가지로 첫 번째는 도움을 주는 사람, 두 번째는 도움을 받는 사람, 세 번째는 도움을 주는 사람과 받는 사람의 관계이다. 즉, 피부 관리실에서 도움을 주는 사람은 테라피스트이고, 도움을 받는 사람은 고객으로 더 나은 서비스와 기술을 제공하기 위하여 고객에게 전문 지식을 바탕으로 설득력 있게 정보를 전달하여야 한다.

[1] 테라피스트의 자세

- 고객에게 신뢰를 주기 위해서 스파 테라피에 대한 전문적인 지식과 기술을 갖추어야 한다.
- 상담 시간이 길지 않으므로 고객의 말을 경청하여 피부 고민 및 원하는 관리를 단시간에 파악한다.
- 긍정적인 분위기를 조성하며 고객의 입장이 되어 적극적인 자세로 상담에 임한다.
- 상담 시 지나친 강요의 대화는 피하고 기다리는 자세가 필요하다.

[2] 상황별 고객 상담

(1) 스파 테라피 관리 전 상담
- 예의를 갖추어 맞이하고 편안하고 효과적인 상담을 위하여 환경이 조성되는 것이 중요하다.
- 고객이 안정감을 느껴 피부 문제에 대해 충분히 의논할 수 있는 관계를 형성한다.
- 대화를 통하여 고객이 원하는 바를 정확하게 파악하여 전문성을 갖추어 고객의 피부 문제점 및 그에 따른 관리 방법을 제시한다.
- 고객의 피부에 맞는 관리 프로그램, 관리 기간 및 비용, 기대 효과 등을 시각 자료와 함께 제시하여 이해를 돕는다.
- 고객이 원하는 관리를 받게 하되, 테라피스트가 고객에게 맞는 관리를 추천하여 현명한 판단을 할 수 있도록 도움을 준다.

(2) 스파 테라피 관리 후 상담
- 관리에 대한 만족도를 체크하며 추가적인 상담을 진행한다.
- 귀가 후 피부 관리 방법에 대하여 조언하고 중요한 내용은 메모하여 전달한다.
- 다음 관리 예약일을 체크하고 고객이 궁금해할 수 있는 내용은 언제든지 문의할 수 있도록 안내한다.
- 관리 후에도 전화, 메시지 등을 이용하여 지속적인 고객 관리가 이루어져 유대관계가 형성될 수 있도록 노력한다.

[3] 불만 고객 상담

- 고객의 불만에 대하여 사과의 뜻을 표하고 적극적으로 이야기를 경청하며 고객에게 계속 반응을 보인다.
- 고객을 배려한다는 관점을 표명하고 마음을 달래 주어 원활하게 상담을 이끌어 나간다.
- 고객의 입장에서 생각하되 상황을 자연스럽게 주도하여 고객이 원하는 바가 무엇인지 정확하게 파악하여 해결 방안을 제시한다.
- 책임 주체를 판별하기 어려운 경우에도 언쟁을 피하여 관리실 이미지에 손상을 끼치지 않도록 대처한다.

[4] 고객 유형별 상담 방법

(1) 전문가처럼 보이고 싶어 하는 고객
- 자신을 과시하는 타입의 고객으로 능력에 대한 칭찬을 해 주며 상대를 높여 주어 친밀감을 조성한다.
- 고객이 주장하는 내용의 문제점을 스스로 느낄 수 있도록 개선 방안 및 대안을 유도하되 이때 자존심을 건드리는 행위는 하지 않는다.

(2) 우유부단한 고객
- 결단성이 없는 성향으로 갈등 요소가 무엇인지를 알아내기 위하여 적절한 질문을 하여 고객의 생각을 말할 수 있도록 도와준다.

(3) 언성이 높은 고객
- 목소리를 낮추고 천천히 응대하여 고객의 목소리가 크다는 것을 인지시킨다.
- 다른 고객에게 방해가 되지 않도록 장소 이동을 안내하는 것이 좋으며 장소를 바꾸는 과정에서 대화가 중단되어 감정을 안정시킨다.

(4) 성격이 급한 고객
- 신속하고 적극적인 모습을 보이며, 상담이 늦어질 경우 사유를 말하고 양해를 구한다.

(5) 쉽게 흥분하는 고객
- 평온함을 유지하면서 말투나 태도에 주의하여 감정을 자극하지 않고, 불필요한 대화를 줄여 신속하게 조치한다.

(6) 불만이 많은 고객
- 열등감이나 자부심이 강한 사람으로 사소한 것에 트집과 불평을 한다.
- 고객을 재치 있게 응대하면서 고객의 만족감을 유도하면 타협의 자세를 보인다.

(7) 의심이 많은 고객
- 자신감 있는 태도로 분명한 근거를 제시하여 스스로 확신을 갖도록 상담을 진행한다.

(8) 말이 없고 조용한 고객
- 말이 없는 것을 고객이 만족해한다고 착각해서는 안 되며 항상 예의 바르게 행동한다.
- 고객이 답변하기 쉽도록 간결하게 질문을 한다.
- 오해도 잘하는 성향이므로 차근차근 빈틈없이 일을 처리하여야 한다.

(9) 꼼꼼한 고객
- 객관적 근거를 충분히 제시하며 확신 있는 어조로 설명한다.
- 고객의 의견을 들어 주고 궁금한 사항에 대해 상세히 답변한다.

(10) 무리한 요구를 스스럼없이 하는 고객
- 고객은 자신의 입장만 생각하기 때문에 요구가 무리하다는 것을 알지 못한다.
- 고객의 입장을 충분히 이해하고 있음을 주지시키고 무리하다는 것을 납득할 수 있도록 설명을 상세히 한다.

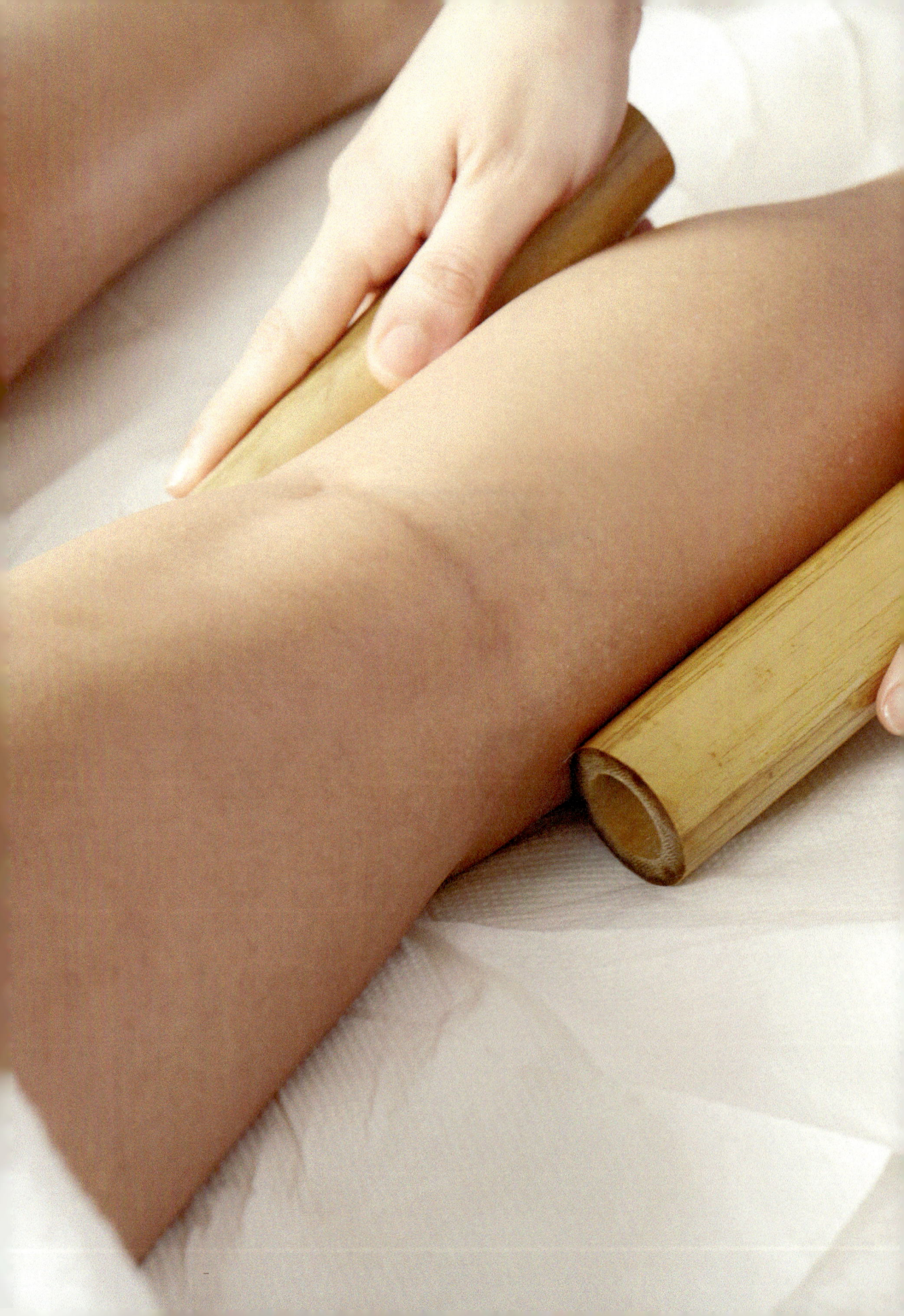

4.

스파 뱀부(Bamboo) 테라피

4. 스파 뱀부(Bamboo) 테라피

1) 뱀부의 이해

영어로 'Bamboo'는 말레이 반도의 토속어 'Bambu'에서 유래되었다. 뱀부 테라피는 대나무를 이용하여 관리하는 마사지 테라피로 오래된 치유 예술 마사지 중 하나이다. 고대 힌두교를 믿었던 지역과 페르시아와 이집트에서는 많은 질병 관리에 뱀부 마사지를 적용했는데 이는 관절과 순환계 문제에 마찰이 되어 해당 부위의 문제점을 완화시킬 것이라 생각해 뱀부 사용을 권장했다고 전해진다.

뱀부는 기원전 3,000년 전에도 중국 등 아시아에서 자생하였으며, 이를 숯으로 만들어서 귀한 약재로 사용했다고 알려져 있다. 대나무는 속이 비어 있고, 곧게 뻗어 자라는 특성이 있으며 번영, 풍요, 장수, 평화, 정직함, 강인함, 지조, 맑음, 절개 등을 상징한다. 대나무는 행운의 식물로도 알려져 있다. 대나무는 예전부터 대나무를 풀로 보느냐, 나무로 보느냐에 대한 논쟁이 많았다. 나무의 줄기가 해마다 자라는 것에 비하여 대나무는 해마다 굵어지거나 높이가 높아지지 않으니 대나무를 나무라고 부르기에 부족하다는 것이다. 또한 풀은 그해에 자란 줄기나 잎이 해가 바뀌면서 죽고 그 이듬해에 새로 나는 것에 비하여 대나무는 몇 년이 지나도 줄기나 잎이 죽지 않으니 풀이라고 부르기에도 적합하지 않다는 것이다. 우리나라에서는 대라고 하면 갈대의 대, 수숫대의 대처럼 속이 비고 호리호리한 풀 줄기를 의미하기도 하지만, 대를 그냥 대라고 하지 않고 나무와 합하여 대나무라고 부른다. 이는 대나무를 갈대와 같은 풀이라는 의미도 있으면서 나무의 의미도 동시에 있는 식물로 본 것이다. 뱀부(대나무)는 견고하고 매끄러운 성질을 가지고 있고, 잔디처럼 C형 탄소동화작용을 하는 식물로 외떡잎식물 중 벼과(Poaceae)에 속하는 목본식물이며 한국, 일본, 중국 등 동남아시아에 주로 분포한다. 국내 대나무 분포는 전남 약 50%, 경남 약 38%로 전체 대나무의 80~90%를 차지하고 있다고 한다. 대나무는 세상에서 가장 빠르게 자라는 식물 중의 하나로 하루에 120cm까지 자라는 대나무 품종도 있다. 대나무는 품종에 따라 대나무 대의 마디 사이가 비워져 있거나, 채워져 있다가 풀처럼 바르게 자라거나, 휘어져 불규칙하게 자라 사람의 허벅지 두께만큼 두껍거나, 연필처럼 가늘게 자라는 것도 있다.

뱀부 테라피는 손으로 매뉴얼 테크닉을 한 후 대나무 스틱을 사용하며 근육에 쓰다듬기, 밀어 주기, 문지르기, 두드리기, 누르기, 진동하기 등의 다양한 동작을 할 수 있다. 또한 뭉쳐 있는 심층부의 근육에 뱀부 테라피를 실시함으로써 근육을 풀어 주고 혈액 순환을 촉진시켜 주며, 림프 순환을 원활하게 해 주는 효과가 크다. 뱀부는 심층부의 근육까지 깊게 관리를 할 수 있다는 장점을 가지고 있으며, 관리사가 손과 손목에 무리가 가지 않는 범위에서 편안한 테크닉으로 쉽게 뭉친 근육을 풀어 줄 수 있다는 것이 특장점이다.

관리 부위별 다양한 크기의 뱀부를 이용하여 피부와 근육에 적합한 것을 골라서 사용할 수 있다. 근막 이완과 부종을 제거해 주는 효과가 있으며 셀룰라이트의 분해에도 도움이 되는 등 매뉴얼 테크닉의 효능을 한층 높여 줄 수 있다.

2) 뱀부의 특성

차가운 성질

아시아권에서 뱀부는 신성한 바람이라고 불리는데 그 이유는 차가운 성질이 혈압을 내리고 스트레스 완화에도 탁월한 효과가 있기 때문이다. 대나무가 신성한 바람이라고 여겨지는 이유는 대나무가 다른 나무에 비해서 열전도율이 2배 정도 좋기 때문이다. 열은 복사, 전도, 대류 중 한 가지 또는 그 이상의 방법으로 전달된다. 대나무를 이용한 마사지는 피부와 직접 접촉하기 때문에 열의 전도로 인한 치유 테라피라 설명할 수 있다. 이러한 차가운 성질과 탄성의 성질을 이용하여 근육의 온도 조절과 혈행의 속도 조절의 도움을 준다.

따뜻한 성질

대나무는 예로부터 청열작용에 이로운 한약재로 많이 사용되었고, 뿌리에서 잎까지 약용으로의 사용도가 높다. 여름철 더위를 식히는 죽공예품으로 많이 알려져 있어 대나무는 차가운 성질이라는 고정관념도 있지만 실제로 대나무는 열전도율이 높아 관리 시 압력수용체의 신경전기와 온도수용체의 신경전기가 발생하여 조직 깊숙이 영양물질의 따뜻한 성분을 침투시켜 줌으로써 피부의 온도수용체 자극에 탁월한 효과가 있다.

3) 뱀부의 종류

뱀부는 한국, 일본 등 동아시아에 주로 분포하는 벼과에 속하는 식물로 참죽, 오죽, 반죽, 산죽 등 11종의 대표적인 품종들이 있다. 뱀부는 천연 뱀부와 구운 뱀부로 나누어진다.

천연 뱀부는 대나무 껍질에 실리카 성분과 미량원소 및 미네랄이 다량 함유되어 있어서 혈액 순환은 물론 노폐물 배출 효과와 림프 순환을 원활하게 해 주는 효과가 아주 크다. 굽지 않은 천연 대나무이기 때문에 표면이 약해져서 자극에 매우 약하므로 심하게 건조한 곳이나 자외선의 노출을 피해서 깨끗하게 보관한다.

구운 뱀부는 원적외선 발생 효과 및 정화 작용이 뛰어난 것이 특징이며 독소 배출 및 진정 효과가 크다. 뱀부의 종류와 크기, 관리 방법, 효과, 원리 등에 따라서 고객에게 맞는 뱀부를 선택하여 관리하는 것이 중요하다. 구운 대나무는 천연 대나무에 비해서 강하고 깨짐 현상도 훨씬 덜하다. 대나무끼리의 마찰을 주의해서 서늘한 곳에 깨끗하게 보관한다.

뱀부 테라피용 대나무는 종류 및 용도에 따라 사이즈가 나뉘며, 바디 관리용 뱀부와 얼굴 관리용 뱀부 등이 있다. 하체 관리용 뱀부는 가장 큰 사이즈나 중간 사이즈로 관리하고 다리 부종 마사지에 효과적이며, 혈액 순환과 림프배농에도 효과가 크다. 그리고 셀룰라이트 제거에 도움을 주어 비만 관리에도 좋다. 발 마사지용 뱀부는 중간 사이즈나 가장 얇은 사이즈로 하면 좋으며, 반달 뱀부는 겨드랑이와 서혜부 관리에 좋다. 다양한 길이와 크기의 뱀부는 다양하게 인체에 적용해서 사용할 수 있다.

4) 뱀부의 변천사

손을 이용한 수기 요법이 아닌 자연과 더불어 발전된 도구인 뱀부 테라피의 변천사를 살펴보면 두드림(고타)에서 시작하여 문지르기(마찰), 괄사의 방법으로 근막을 이용한 뱀부 테라피로 발전하였다.

두드림

두드림은 고통으로부터의 해방을 위한 자연발생적인 두드림의 행위에서 시작되었다. 보통 우리는 통증을 느낄 때 본능적으로 아픈 곳을 만지고 문지르고 누르게 된다. 이것을 우리는 '관문조절설(통증을 조절할 수 있는 이론적 원리)'이라고 한다. 통증을 수용하는 자유신경종말 수용기에서 통증에 대한 감각을 인지하고 신경세포를 통해 척수를 거쳐 뇌에 전달될 때 우리는 통증을 느끼게 된다. 이때 피부에 다른 감각을 자극하게 되면 통증이 뇌에 전달되는 길을 방해하게 된다. 그리고 본능적으로 순환 문제가 나타난 부위를 손이나 도구로 두드리게 된다. 피부나 근육 조직을 두드리면서 혈액 순환과 피로물질 배출을 자극하는 데 효과적이다. 즉 적당한 압력의 반복적인 두드림(고타 행위)은 단절된 몸을 원활하게 하는 데 도움이 된다.

문지르기

강한 근육통이나 통증은 강력한 반사적 보상반응을 유도한다. 문지르기는 근막 조직에 열을 전달하여 관절과 순환계 문제 등의 도움이 되는 효과적인 마찰 기법이다. 손보다 마찰 면적이 넓은 문지르기 테크닉은 강도에 따른 마찰 방법을 사용함으로써 혈액의 흐름을 원활하게 하고 세포 영양 공급과 림프배농을 촉진시켜 신진대사를 원활하게 하므로 긍정적인 에너지를 유도시킨다.

괄사

괄사는 물소뼈, 스톤, 나무 등으로 피부를 긁거나 문질러 병을 고치는 중국 전통 민간요법이다. 괄사 요법의 생리학적 원리는 도구를 이용하여 반복적으로 피부에 압력과 물리적 상처를 줌으로써 인체면역계가 활성화되어 항상성이 회복되는 것을 의미한다. 대나무 도구의 무분별한 괄사 요법 적용은 오히려 대나무 기법의 발전 기회를 차단하고 역행시킬 위험이 높다. 그러므로 괄사 뱀부에서 머무르지 않고 뱀부를 이용한 근막 테라피를 잘 익혀서 진정한 테라피스트로 성장하기 위해 적극적이고 지속적인 노력을 해야 한다.

5) 뱀부 테라피의 유형별 분류

인간은 태어나면서부터 우주의 대자연과 호흡하며 생명을 유지해 오며 살고 있다. 뱀부 테라피는 자연의 대지에서 성장해 온 대나무를 이용하여 관리하는 대표적인 테라피로 오래된 치유예술 요법 테라피 중에 하나이다. 그중 대표적인 것이 하와이안 로미로미 마사지이다. 고대 힌두교를 믿었던 지역과 페르시아와 이집트는 많은 질병 중에 관절과 순환계 문제에 마찰이 적용되는 테라피의 방법을 생각해 내어 뱀부(대나무)를 권장한 것으로 전해진다. 최근 우리가 접할 수 있는 현대 뱀부 테라피의 등장은 수기요법의 발전과 함께 치료를 위한 보조기구의 필요성이 대두됨에 따라 뱀부 테라피가 진전했음을 의미하며 해부생리학적인 임상효과를 증명하므로 근육 조직, 림프배농, 혈액순환계에 대한 자극 매개체의 도구로서 뱀부 테라피도 발전하게 된 것으로 보인다.

유럽식 뱀부 테라피(European bamboo-therapy)

일상에서 벗어나 자연에서의 삶의 힐링을 추구하는 것에 큰 가치를 두고 있는 유럽에서는 스파 문화가 발달하였으며, 전통적으로 유럽 스파는 관절염과 류마티스, 몇 가지 호흡계 질환을 비롯한 순환계 장애 같은 질병을 위한 메디컬적인 치료 요법이다. 주변의 온천수, 진흙, 광천수, 소금 등 천연자원이 치료의 기본요소가 됨에 따라 자연스럽게 자연을 소재로 하는 대나무를 접목하면서 현대적인 뱀부 테라피로 발전한 경우이다.

동남아식 뱀부 테라피

대나무가 많이 자생하며 특히 더운 지역인 베트남, 필리핀, 인도 등에서 시원한 성질을 가진 대나무 도구와 접목하게 된 테라피 기법이 발전하였다. 동남아에서는 주로 스파에서 수기와 대나무 도구를 함께하는 테라피를 많이 사용한다.

인도의 변두리의 경우 길거리에서는 대나무로 두드리기 테크닉을 이용하여 여행객을 대상으로 뱀부 테라피를 시행하기도 하였다.

퓨전 뱀부 테라피

미국의 뱀부 테라피 창시자라고 불리는 나탈리 세실리아(Nathalie Cecilia)가 2004년 대나무를 이용한 고객의 심부근육을 이완시켜 주는 최적의 테라피 방법을 개발하였다. 원래 타이 테라피스트였던 세실리아는 어느 날 체격이 큰 남자 고객에게 승모근 부위를 강하게 눌러서 풀어 달라는 요구를 받았으며, 세실리아는 고객을 의자에 앉힌 후 그의 등에서 여섯 발자국 정도 떨어진 위치에 서서 타이 테라피 시술 시 사용하였던 두 개의 긴 대나무 막대로 고객이 원하는 부위인 어깨를 두드려 주었다고 한다.

테라피가 끝난 후 고객에게 '시원하다'는 긍정적인 반응을 얻은 세실리아는 이후 자신의 테라피 테크닉에 대나무 스틱을 적용하는 방법들을 연구하여 개발하였으며 다양한 길이와 너비 그리고 다양한 현대의 대나무를 사용하는 'Bamboo-Fusion'의 시초가 되었다. 그 후 다른 테라피스트들의 요청으로 교육 프로그램을 만들었고, 미국 내 Ritz-Carlton Hotel, Marriott Hotel 등 고급 리조트와 스파 내에서 뱀부 테라피를 프로그램화하여 상품으로 출시하였으며, 전 세계적으로 전파시켰다. 이 테라피가 오늘날 퓨전 뱀부 테라피가 되었다.

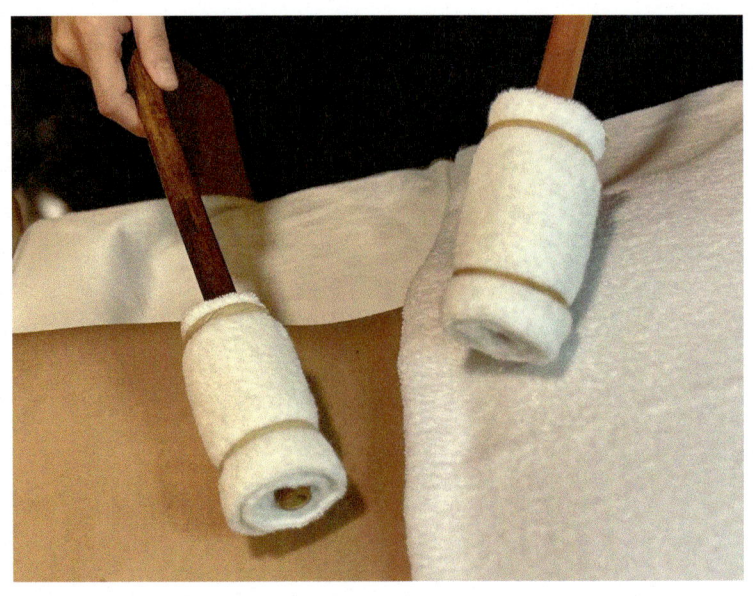

한국의 뱀부 테라피

최근 우리나라에서는 국가직무능력표준(NCS)에 의거하여 뱀부 테라피가 산업에 표준화되어 있다. 뱀부 테라피 관리 시에는 유럽식 스웨디시 테크닉의 동작을 응용하여 강하지 않고 근막을 활용한 가벼운 테크닉으로 뱀부 테라피 테크닉에 적용한다. 한국식 뱀부는 다양한 테크닉으로 피부 감각수용체 및 심부 림프를 자극하여 자율 신경계의 안정으로 심리적, 정신적 상태의 안정을 시키는 관리로 적용한다.

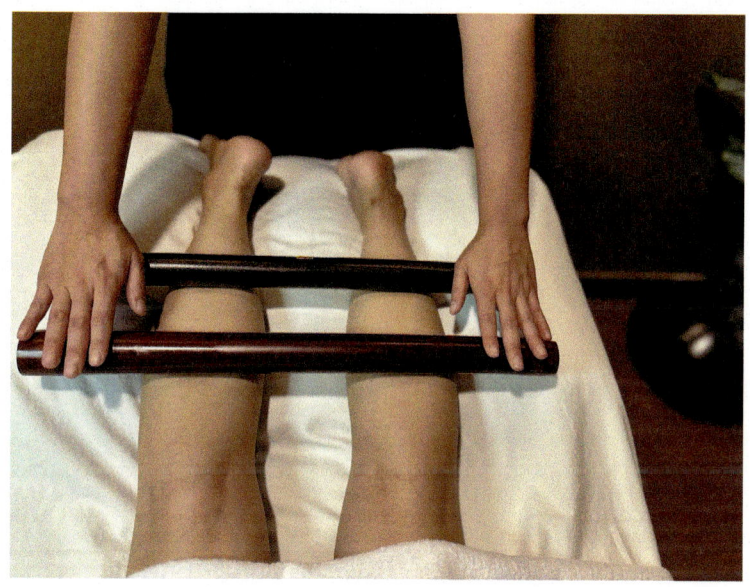

천지 뱀부 테라피

멕시코 출신의 에르네스트 오리티즈(Ernesto Ortiz)가 중국 전통 의학을 바탕으로 고안해 낸 뱀부 테라피이다. 오리티즈는 1994년부터 신체의 정신과 마음을 통합하기 위해 도구를 활용하는 방법을 접목하여 뱀부 테라피 발전의 기초를 마련하였다.

오리티즈는 인도네시아 발리섬 중부에 위치한 우붓(Ubud) 마을의 숲속에 사는 원숭이 집단이 대나무를 이용해 신체를 문지르고 반죽하고 눌러 주면서 근육을 풀어 주는 것을 발견하게 되었고 그 후 오리티즈는 대나무가 바디의 긴장을 풀어 주는 데 효과적이라는 것을 깨닫게 되었으며, 다른 도구보다 유연하고 부드럽다는 대나무의 장점을 이용해 중국의 전통 의학인 오행원리(나무, 불, 땅, 금속, 물)와 접목한 혁신적인 천지 뱀부 테라피를 발전시켰다. 이 천지 뱀부 테라피는 하늘과 땅의 정신이 연결되어 있는 육체적 상태와 정신적인 부분을 연결한 새로운 방식의 테크닉을 가진 매뉴얼 테라피이다. 오늘날 우리나라에서도 음양오행의 원리를 접목한 테라피를 널리 사용하고 있다.

괄사 뱀부 테라피

꽈샤, 괄사(Gua Sha) 등으로 불리는 중국 전통 민간요법을 괄사 테라피라고 한다. 괄사 테라피는 괄사를 이용하여 피부 표면을 강한 압력으로 자극하는 테라피인데, 괄사 대신 대나무를 도구로 사용하여 강한 압력과 자극을 주어 테라피를 수행하기 때문에 괄사 뱀부 테라피라고 한다. 우리나라에서도 뱀부 테라피 도입 초기에는 괄사처럼 이용하는 방법을 주로 사용하였다. 문지르기를 통해서 근육을 풀어 주는 괄사의 방법이 유행일 때도 있었다. 하지만 현재는 괄사를 이용한 강한 압력의 자극이 많아지면 근육의 딱딱한 뭉침 현상이 피부 조직에 좋지 않고 조기 노화의 원인이 될 수 있어 사용을 피하고 있다.

6) 뱀부 작용의 원리

지렛대의 원리

뱀부(대나무) 작용의 핵심은 지렛대를 이용한 원리이다. 인체의 혈행 방사를 통해 셀룰라이트 분해, 부종감소, 림프배농에 영향을 주는 작용의 원리로 아르키메데스의 과학적인 지렛대의 원리를 이용하여 작은 힘으로 큰 작용힘을 얻어 내는 것이다. 지렛대의 원리 3요소인 힘점, 작용점, 받침점을 인체와 뱀부에 적용하여 자유롭게 관리할 수 있다. 뱀부(대나무)는 광범위하게 적용되며 지렛대의 원리를 이용하여 근막 조직과 신경 조직에 전기적인 자극과 힘을 전달하여 관리의 효과를 극대화시킨다.

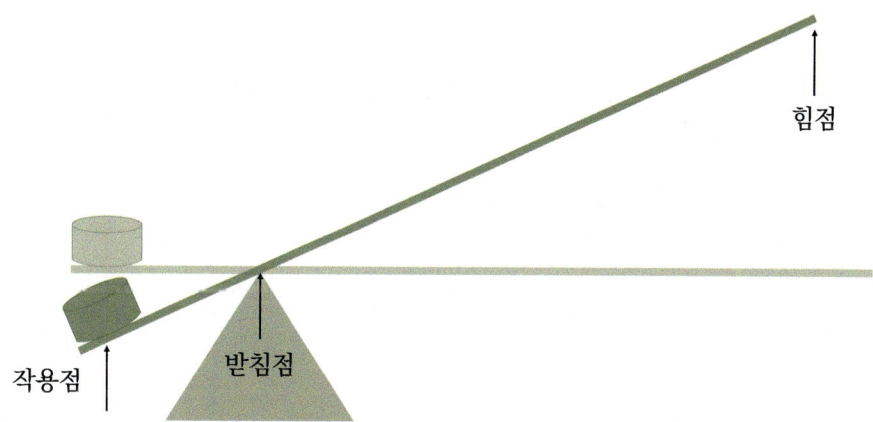

- 힘점은 뱀부에 힘이 작용하는 위치이며, 힘점의 세기와 방향은 적용점의 무게의 방향으로 힘이 작용한다.
- 작용점은 힘이 작용하는 위치이며 근육이 닿는 점이다. 받침점과 작용점이 가까울수록 힘이 커진다.
- 받침점은 지렛대의 중심점으로 받쳐 주는 위치를 말한다.

7) 뱀부 테라피의 적용 범위 및 인체에 미치는 효과

뱀부 테라피의 적용 범위

    뱀부 테라피는 대나무의 둥근면과 길이를 이용하여 피부의 감각수용체 및 림프를 자극하여 우리 몸의 자율신경을 안정시킨다. 대나무를 이용한 마사지로 테라피스트의 체중의 5~50%를 이용하여 압박을 가했을 때 생성되는 파동 에너지가 몸에 산소를 공급하고 근막 조직과 신경 조직에 부드러운 압에서 강한 압까지 다양한 힘을 전달하여 혈관 사이에 노폐물을 배출시키고 근막통증 이완과 부종, 셀룰라이트 분해 및 림프배농에 효과를 준다. 또한 교감신경의 과도한 긴장을 해소하고, 부교감신경을 활성화시켜 신체의 긴장을 완화하여 스트레스 해소와 심신의 휴식을 가져다준다.

뱀부 테라피가 인체에 미치는 효과

뱀부(대나무)는 리그닌과 실리카(Silica)로 이루어져 있으며, 대나무는 일반적인 나무보다 약 10배 정도 많은 섬유질과 대나무의 외피를 덮고 있는 실리카(Silica) 성분으로 인해 탄력이 있고 가벼우면서 유연하게 휘어지고 또한 단단하며 곧게 자라는 특성이 있다. 대나무 외피의 실리카는 수정결정과 유사한 크리스털 매트릭스를 만들어 압력에 의해서 활성화되는 피에전조기(Piezoelectricity)를 발생시켜 근막에 작용하고, 열을 가했을 때는 초전기(Pyroelectricity)를 발생시켜 뼈와 힘줄에 작용하게 한다. 또한 음이온을 발생하여 인체 기능을 강화시키는 결정적인 역할을 해 준다.

[1] 압전기의 효과(Piezoelectricity)

특정한 물질의 결정체가 압력을 받으면 전기를 발생시키는 현상을 압전기라 하고, 이때 발생하는 정전기를 피에전조기라고 한다.

우리 몸에는 파시니소체(압점)와 마이스너소체(촉점, 압점)라는 촉각수용체가 있어 파시니소체와 마이스너소체에 강도를 다양한 방법으로 주었을 때, 물리적인 힘이 화학적인 힘으로 변형되어 압전기를 발생시킨다. 열에너지가 조직 깊숙이 침투하여 혈액 순환을 도와 노폐물을 배출하고 영양물질이나 산소의 공급으로 신진대사가 촉진되며 손상된 조직을 회복시키는 데 도움을 준다. 뱀부를 이용하여 문지르기 및 누르기 등 매뉴얼 테크닉을 하면 일정한 방향과 압력에 의해서 발생되는 표면 전기 발생으로 디톡스 효과와 리프팅의 효과를 낼 수 있다. 또한 림프순환이 촉진되고 정맥으로 배설하지 못한 노폐물의 배설을 돕고, 내분비 기능이 정상화됨에 따라 신체의 자연 면역력이 증가한다.

[2] 열전기의 효과(Pyroelectricity)

온도 변화에 의해서 특정 물질에 전기적 전하가 발생하는 것을 열전기라 한다. 피부와의 마찰로 발생한 따뜻한 열은 열전기를 발생시킨다. 열전기가 활성화되면 굳어진 근육이 이완되고 근육의 경직과 위축을 해소하고 강화하는 효과를 준다.

신경, 내장 등의 반사기전에 의하여 간접적인 자극을 가하여 내장의 기능을 강화시키고 온열효과 및 긴장된 근육의 이완 효과 등이 발생한다. 또한 열전기의 작용은 뼈와 건(tendon)에도 작용한다.

[3] 음이온 효과

독일의 의학자 에르테게 박사는 인간의 호흡하는 공기에 함유된 음이온 농도에 따라 평균 수명 차이가 있다고 하였다. 음이온은 공기 중의 비타민이라 불리며 여러 가지 질병을 예방하고 혈액 순환정화작용, 세포활성작용, 저항력증가작용, 자율신경계 조절작용 등 인체기능을 강화시키는 결정적인 역할을 한다. 또한 식욕 증진의 효과가 있으며 세포의 신진대사를 왕성하게 하고 활력을 증진시키며 혈액을 정화시켜 피를 맑게 하고 자율신경을 안정시켜 피로 회복 등에 도움을 준다.

[4] 사운드

'소리'라는 단어는 영어로 풀어 쓰면 'audio', 'acoustic' 그리고 'sound'로 쓸 수 있다. 'sound'라는 단어는 '소리'라는 뜻 외에 '건강한'이라는 의미를 지니고 있기도 하다. 소리는 피부 내의 피시니소체, 마이스너소체를 통하여 피부로도 듣는다. 특히 인체 70% 이상이 물로 구성되어 있으므로 피부 내의 소리 전달 능력이 공기에서보다 5배나 높다.

자연 그대로의 뱀부는 속이 비어 있어서 테라피의 두드림이나 일괄적인 리듬과 피부 마찰의 사운드 효과는 운율적인 리듬으로 생명의 박동을 빈영하고 조화된 지속적인 리듬으로 인체의 밸런스를 회복시킨다. 또한 소리와 파동에너지를 인체에 전달하여 감성적인 부분에 영향을 주고 스트레스 호르몬의 감소, 엔도르핀 분비에 의한 통증 완화, 근육의 경직과 이완으로 에너지를 활성화시키고 피부 스트레스를 완화시켜 주어 혈액의 흐름을 원활하게 한다. 몸을 매개체로 한 뱀부의 진동은 사각대는 소리를 고객은 대나무 숲을 연상하고 테라피 시 청정한 대나무 마찰 소리는 대나무 숲에 있는 듯한 느낌을 주어 자연적인 최고의 사운드 효과로 심신의 휴식과 치유 효과를 제공한다.

8) 뱀부 매뉴얼 테크닉의 효과에 영향을 미치는 인자

매개체(Media)

뱀부(대나무) 테라피의 동작 시 대나무와 피부의 마찰을 줄이고 효과를 높이기 위하여 사용하는 오일(Carrier Oil) 등을 말한다. 매개체의 선택 시 고객의 개인적인 요인으로 선택할 수 있다면 매개체 전도의 역할을 잘할 수 있을 것이다.

압력(Pressure)

뱀부(대나무) 테라피는 대나무를 누르는 손바닥과 손목 압력의 강약과 마찰력이 중요한 부분을 차지하기 때문에 테크닉 동작에 앞서 고객에게 적합한 압력을 테스트한다. 그 압력의 수치를 기억하여 피부의 상태나 신체 및 체형의 상태(골격), 개인적인 반응 정도에 따라 조절하여 이상적인 적정 테크닉과 압력을 가하는 것이 최상의 컨디션을 가져올 수 있다. 너무 강한 압력은 피부 조직을 상하게 하는 원인이 될 수 있으므로 주의해야 한다.

방향(Dirction)

일반적으로 뱀부 매뉴얼의 방향은 아래에서 위로 향한다. 발바닥부터 종아리, 허벅지, 엉덩이 방향으로 관리하며, 주로 정맥의 방향이나 림프순환을 기초로 심장 방향으로 관리하며, 또한 배출시키는 기능을 가진 장기의 방향으로 관리한다.

속도와 리듬(Rate and Rhythm)

긴장을 완화시켜 안정감을 느낄 수 있도록 천천히 리듬감을 살리는 속도로 관리하며 시작은 부드럽고 천천히, 중간은 약간 강하고 빠르게, 마무리는 다시 부드럽고 천천히 관리하는 것이 순서이다. 강약의 단계는 3단계로 하면 가장 좋다. (1 → 2 → 3 → 3 → 2 → 1단계)

자세(Position)

뱀부(대나무) 테라피의 관리 시 효과를 높이기 위해 체중을 실어 관리해야 하며 고객에게 유익한 관리를 제공하기 위해 고객의 침대 곁에 있어야 한다. 또한 뱀부와 하체의 움직임이 하나가 되어서 유연함을 유지해야 한다. 관리 부위에 무게를 완전히 지지해야 하며 불필요한 이동은 가능한 한 삼가는 것이 좋다. 또한 발뒤꿈치와 엄지발가락, 새끼발가락의 힘이 균형을 이루어야 안정된 자세를 유지한다. 시술자의 자세가 편안해야 제대로 된 관리사의 자세로 편안한 관리를 할 수 있다.

관리 시간(Time)

고객의 피부 상태나 연령, 관리 부위 및 목적, 개인적인 차이에 따라 시간을 조정하여 규칙적인 관리 방법과 시간을 선택하는 것이 좋다. 보통의 경우 얼굴 매뉴얼은 15~20분이 적합하고, 전신 마사지는 1시간~1시간 30분 정도 소요하는 것이 바람직하다.

9) 뱀부의 관리 및 소독 방법

뱀부(대나무) 관리 방법

- 뱀부(대나무) 도구는 생명력 있는 식물세포 조직으로 이루어져 있으므로 보관이나 관리 조건에 따라 대나무가 갈라질 수 있다.
- 정상 가공 처리 되지 않은 뱀부(대나무)를 장시간 사용하지 않을 경우에는 수분을 흡수할 수 있는 신문지나 부드러운 천에 뱀부(대나무)를 감싸 냉동실에 보관하면 뱀부(대나무) 도구의 수명을 연장할 수 있다.
- 뱀부(대나무)의 속은 아미노산과 지방산 그리고 무기성분 등의 영양물질이 풍부하여 곰팡이균류, 선충, 진딧물 등의 해충으로부터 감염이 생길 수 있으므로 깨끗하게 소독하여 청결 상태를 유지하여야 한다.
- 세척은 크림, 오일 등이 묻어 있는 세정제를 이용하여 미온수로 닦아 내며 잘못 보관할 시 습기에 의해 곰팡이가 생길 수 있으므로 알코올이나 항균제로 마무리해 준 후 캐리어 오일(호호바, 아몬드유, 올리브유 등)을 발라 준 뒤 뱀부 전용 보관함이나 통풍이 잘되는 곳에 보관한다.

뱀부(대나무) 소독 방법

[1] 관리 전 소독

- 관리 전 뱀부(대나무)의 소독은 중성세제를 이용하거나 소독용 알코올(70% 알코올) 또는 과산화수소를 사용하여 마른 거즈로 닦아서 소독한다.
- 뱀부(대나무) 오일을 깨끗한 붓으로 도포하여 위생적인 곳에 보관한다.
- 소독 시 과산화수소는 산화력에 의해 대나무 도구가 변색될 수 있으므로 주의한다.

[2] 관리 후 소독

- 중성세제를 이용하거나 온습포를 이용하여 닦아 준 후 소독용 알코올(70% 알코올) 또는 과산화수소를 사용한다.

- 뱀부(대나무) 오일을 깨끗한 붓으로 도포하여 위생적인 곳에 보관한다.
- 뱀부(대나무)는 촉촉한 상태를 유지해야 갈라지지 않고 오래 사용할 수 있다.

10) 뱀부 테라피 금기사항 및 테라피스트가 지켜야 할 주의사항

뱀부 테라피 금기사항

- 심한 정맥류성 정맥, 심부정맥 혈전증인 경우
- 임신 초기나 임신 말기인 경우
- 화농성 여드름, 건선, 습진, 아토피가 있는 경우
- 과도한 자외선 노출로 인한 화상을 입은 경우
- 골절환자나 뼈가 약한 경우
- 수술 직후인 경우
- 세균감염이나 바이러스 노출된 피부의 경우

테라피스트가 지켜야 할 주의사항

- 관리 전 반드시 고객과의 충분한 상담을 통하여 냉온 관리의 유무를 파악한다.
- 관리 시 뱀부가 뼈를 터치하지 않도록 한다.
- 사용한 뱀부는 중성세제를 이용하여 흐르는 물에 씻고 소독하여 위생적인 공간에 잘 보관한다.
- 대나무의 성질 및 규격, 형태, 질감 등 인체의 미치는 영향력을 잘 숙지하고 파악해야 한다.
- 뱀부와 화장품 오일류의 인체상호작용 및 영향력에 대한 지식을 파악하며, 순환 방향에 맞게 일정한 속도와 강약을 조절할 수 있어야 한다.

5.
스파 스톤(Stone) 테라피

5. 스파 스톤(Stone) 테라피

1) 스톤 테라피의 정의 및 이해

스톤 테라피의 정의

스톤 테라피는 고대 중국, 인도, 그리스 등에서 전해 오는 치료법으로 스톤의 에너지와 기를 이용하여 피부 표면을 자극하는 냉온 요법의 일종이다. 화산폭발로 발생된 용암 침전물과 분화작용으로 형성된 스톤은 오랜 세월 동안 축적된 물, 공기, 불, 흙 등 초자연적 에너지를 담고 있다. 대자연의 에너지를 담은 따뜻한 스톤으로 신체 부위를 이완하고 심부열을 상승시켜 냉증 부위를 풀어 주는 것이 스톤 테라피의 기본적인 원리이다.

고대 치료 요법(Healing Therapy)의 하나로 전해 내려오는 스톤 테라피(Stone Therapy)는 하이테크(High tech) 시대에 불어온 웰빙 열풍으로 스트레스와 피로에 지친 현대인들에게 몸(Body), 마음(Mind), 영혼(Spirit)을 일체로 보는 인간의 자연 회귀 본능을 일깨운 요법이다. 스톤이 가지고 있는 자연에너지(원적외선)를 이용한 온열관리로써 뭉친 근육을 이완시키고 정신적인 안정과 편안함을 주어 신체의 자연 치유력을 증가시키는 마사지 기법의 테라피이다.

스톤 테라피의 이해

고대 주술사들이나 샤먼들이 화산의 폭발로 생긴 검정색의 현무암을 이용하여 병든 사람들을 치료하던 민간요법으로 약 1천 년 전부터 중국이나 아시아에 전해 내려온 것을 찾아 수 있다. 이후 1990년대 초반 미국에서 에스테틱 분야의 하나인 트리트먼트 방법으로 발전해 왔으며 세계적인 웰빙 추세와 함께 호텔, 리조트 스파, 데스티네이션 스파뿐 아니라 데이 스파에서도 스파 서비스의 신개념 아이템으로 주목받고 있다.

스파에서 사용하기 시작하며 테라피(Therapy)라는 이름을 붙일 수 있게 된 '라 스톤 테라피(La Stone Therapy)'는 북아메리카에서 시작하여 유럽 전역으로 퍼졌으며 현재는 SPA Therapy로 사용되고 있다. 라 스톤 테라피는 1993년 미국 아리조나주 투산에서 메리 넬슨(Marry nelson)에 의해 고안되었다. 당시 메리 넬슨은 스포츠 테라피스트였으며, 무리한 작업으로 되풀이되는 어깨 부상으로 인해 고통받고 있었다. 그녀는 스톤의 온기와 무게를 통해 약한 압력으로도 충분한 트리트먼트가 가능해짐을 알게 되었으며, 어깨 부상 또한 멈출 수 있었다. 라 스톤 테라피는 뜨거운 돌과 찬 돌을 바꿔 가며 신체에 깊숙이 파고드는 마사지 기술과 스톤이 가지는 고효율의 에너지를 적용하는 지오더말 테라피(Geothermal Therapy)의 원리를 이용한다. 이는 물리적인 경험의 전형적인 마사지를 넘어서 깊은 차원의 휴식, 건강 그리고 육체와 정신과 영적인 철학으로의 긍정적인 접근을 창조하는 웰빙으로 들어서게 한다.

2) 스톤의 종류

스톤 테라피에서 가장 중요한 것은 돌이다. 스톤의 크기, 색깔, 성질 등에 따라서 스톤 테라피의 효과가 다르고 적용할 대상의 부위에 따라서 스톤들이 다양하게 사용된다. 예를 들어 얼굴에는 굴곡을 따라서 관리하므로 둥근 스톤을, 어깨와 등에는 스트레스성 뭉침이나 통증을 완화하기 위해서 납작한 스톤을 사용하고, 발바닥에는 비교적 작은 스톤을 이용해서 발가락 사이에 끼워 넣어서 열에너지를 전달한다. 검은색 스톤은 열을 오래 유지하는 성질을 가지고, 흰색 스톤은 차가움을 오래 유지하는 성질을 가지고 있다 초록빛 스톤은 체온과 같은 온도를 전달할 때 사용되며, 스톤은 때에 따라서 쓰임새가 다르다. 근육을 수축시킬 때와 염증으로 인한 통증 관리에는 흰색 스톤을 사용하고, 근육을 이완시키고 만성통증을 관리할 때는 검은색 스톤을 사용한다.

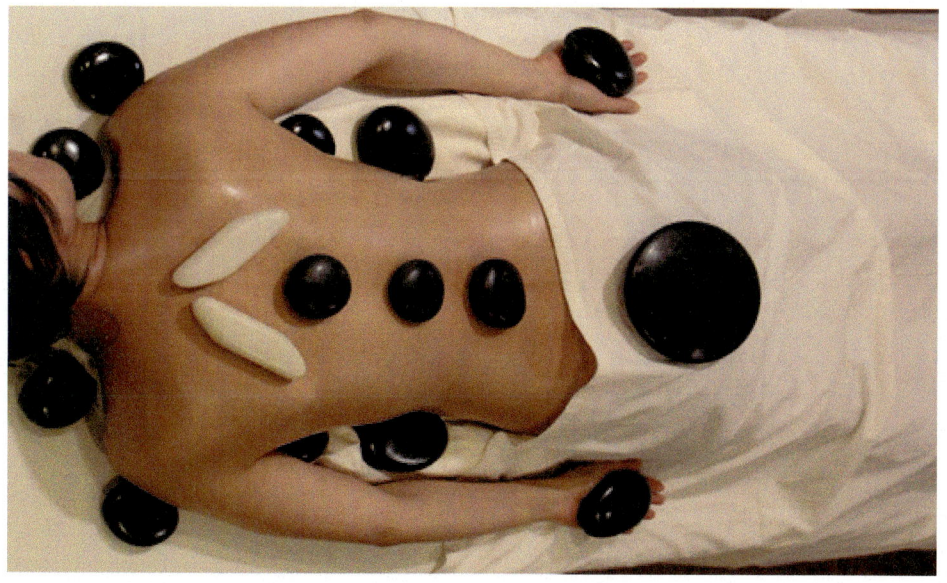

핫 스톤(Hot ston)

핫 스톤은 주로 현무암을 이용하며 인체에 원적외선 방출해 온열효과를 일으킨다. 현무암은 모든 종류의 암석 중에서 열을 유지하는 성질이 가장 뛰어나다. 또한 다량의 철분을 함유해 열 흡수력이 높아서 몸 구석구석으로 열을 전도시킨다. 이러한 온열 효과는 노폐물 제거를 촉진시키고, 백혈구의 이동이 증가하여 면역력이 높아진다.

화성암 중에서 분출암의 일종인 현무암은 회색 혹은 흑색을 띠는 화산암이다. 변성이 되면 녹색이 되기도 하고 철분의 산화에 따라 붉은색이나 자주색이 되기도 한다.

따뜻한 스톤의 온도는 26.6~43.3℃ 사이가 적당하고 뜨거운 스톤의 온도는 48.8~57.2℃ 사이가 적당하다. 핫 스톤은 고대의 치료법에서 보면 오래된 통증을 완화시켜 주는 데 사용하였으며, 몸의 온도를 높여서 혈액 순환을 촉진시키고 세포 재생 및 신진대사의 활성화에 도움을 준다. 뜨거운 핫 스톤은 경우에 따라 얇은 천을 덧대어 사용하기도 한다.

쿨 스톤(Cool stone)

쿨 스톤은 일반적으로 대리석을 이용한다. 거대한 시간과 생명체의 진화 기록을 보유하고 있는 대리석은 그 결정체 안에 내적 아름다움을 간직하고 있다.

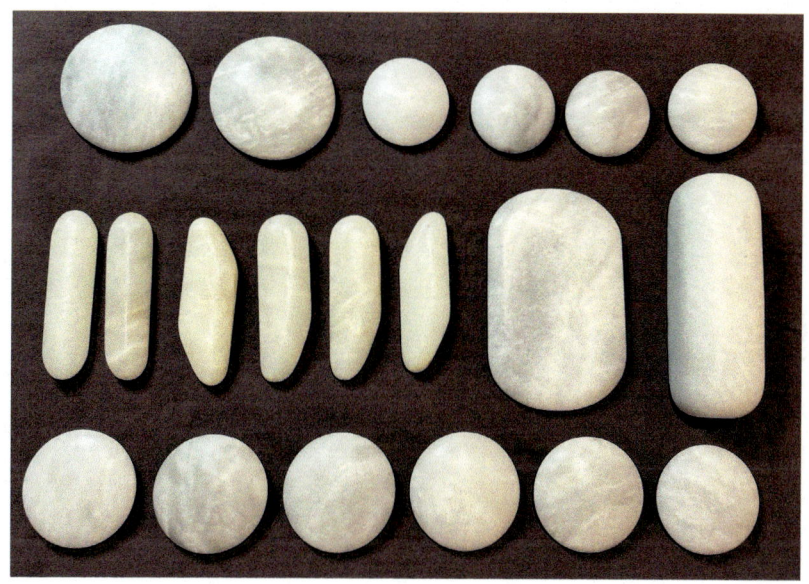

세계 대양의 위치가 달랐을 때에도 바다 밑에 존재했으며 대리석은 찬 기운을 가장 오랫동안 간직하는 암석이다. 스톤을 차게 해 즉각적으로 생긴 통증 부위에 염증을 가라앉히는 데 사용한다. 통증 부위에 차가운 스톤은 혈액 순환이 더뎌지면서 결국 그 부위에 새롭게 생성된 많은 양의 혈액이 공급되어 자연 치유가 활발하게 이루어진다는 원리를 이용해서 관리하는 것이다.

쿨 스톤은 충혈 부위나 염좌, 급성 염증, 소염을 완화시키는 효과가 크며, 혈액 순환을 촉진해서 많은 양의 혈액을 공급하게 되어 자연 치유가 빨라지게 하는 효과가 있다. 여드름 압출 및 태닝 후 진정 관리에도 효과적이다. 이때 스톤의 온도는 신체 온도(36.5℃)보다 낮다.

3) 핫 스톤(Hot stone)과 쿨 스톤(Cool stone) 테라피의 방법 및 원리

핫 스톤(Hot stone)

가열한 스톤을 도포하여 5~20초 간격으로 움직이다가 5~10분간 지속한다.

[1] 1차 반응

- 교감신경계에서 반응한다.
- 즉각적으로 열의 대류가 시작된다.
- 조직 내 신진대사 증대 및 동맥이 팽창한다.
- 20초 후 열전도가 일어난다.
- 통증감소 및 근육의 긴장도가 줄어들며 이완이 시작된다.
- 굴절, 직진, 반사 등 빛에너지의 성질을 가진 마이크로의 파장으로 태양에너지를 전달한다.

[2] 2차 반응

- 열전도에 의해 생기는 공명에너지로 인체의 채널 시스템을 열어 2배 이상 순환을 촉진한다.
- 원적외선 파장에너지로 모세혈관을 확장하여 피하 심층의 체온을 상승시킨다.
- 중력과 압력의 에너지로 인체의 통증을 억제하는 작용을 한다.
- 마찰의 에너지로 신체 릴랙싱을 도와서 균형과 안정을 유지한다.

쿨 스톤(Cool stone)

차가운 스톤을 움직이며 도포하여 5~10분간 지속한다.

[1] 1차 반응

- 교감신경계에서 반응한다.
- 주요 혈관수축과 파생혈관이 팽창한다.
- 치유가 시작된 부위부터 림프 충혈이 이동하기 시작한다.
- 치유가 시작된 부위부터 염증이 이동하기 시작한다.
- 장의 긴장 및 이동을 촉진한다.

[2] 2차 반응

- 뇌가 점차 활성화되어 신체의 진짜 치료를 결정하게 된다.
- 장기에서 내부 열 발생을 멈춘다.
- 심장과 폐에서 반응을 보인다.
- 따뜻한 산소를 가득 담은 피가 말초까지 나타난다.
- 지속적인 도포의 5분 후에 전도가 일어난다.
- 근육이 이완하기 시작한다.

모든 순환 증가

↓

혈액순환 증가

↓

신진대사 활성화 및 독소 배출 원활

> 핫 스톤 = 수동적인 순환 증가 = 수동적 충혈
> 쿨 스톤 = 적극적인 순환 증가 = 활발한 충혈

4) 스톤 테라피의 효능

스톤 테라피는 온열 요법 원리에 돌의 활용을 더하여 인체의 혈액순환을 돕고 근육을 이완시키며 전신의 모든 순환을 원활하게 관리하는 수기 요법이다. 핫 스톤과 쿨 스톤은 각각의 기능과 효능이 다르게 나타난다.

핫 스톤의 효능	쿨 스톤의 효능
• **혈액순환** 신체의 근육을 이완시켜서 혈액순환이 원활히 상승할 수 있도록 하고 전신에 활력을 주며, 셀룰라이트 분해에도 도움을 준다. • **노폐물, 독소 배출** 체내의 독소와 노폐물을 배출을 촉진시키므로 부종을 예방하고 림프의 흐름이 원활하게 하며, 면역력을 향상시키고 세포 재생에 도움을 준다. • **피부개선, 안색정화** 신진대사를 촉진시켜 주며, 윤기 나고 탄력 있는 피부와 맑은 혈색을 만들어 준다. • **정신적 안정** 온열작용으로 심신이 편안하게 되고 기분을 좋게 해 주며, 스트레스 해소에도 효과적이다.	• **통증 감소** 신체의 염증 개선에 도움을 주고 면역기능의 향상과 통증 감소에도 효과적이다. • **부종 완화 효과** 부종이 심한 임산부의 경우 부종을 가라앉히는 데 도움을 준다. • **진정 효과** 태닝을 했을 때나 여드름 압출 이후에 진정 효과를 준다. 얼굴 성형 수술 후에도 쿨 스톤은 붓기 제거와 멍을 빠른 시간에 제거할 수 있는 효과를 준다.

5) 스톤 테라피의 작용원리 및 인체에 미치는 영향

스톤 테라피의 작용원리

현무암에는 다량의 원적외선이 함유되어 있다. 원적외선은 가시광선보다 파장이 긴 적외선으로, 파장이 길기 때문에 몸속 깊숙이 침투할 수 있는 장점이 있다. 이 원적외선은 스스로 열을 내게 하는 성질이 있기 때문에 현무암을 이용한 스톤 테라피는 체내 노폐물을 배출하며 건강하게 만들어 주는 역할을 한다. 인체의 자연 치유력을 높여서 피부의 재생력을 높이고 체내 콜라겐 조직의 활동을 증가시켜 탄력을 강화시킨다.

다른 돌보다 표면이 매끄럽고 단단하기 때문에 수분함유 능력이 뛰어나 관리 시에 건조해지지 않으며 열 보존 능력 또한 뛰어나고, 불균형한 체내 에너지의 흐름을 개선, 온열작용, 숙성작용, 자정작용, 중화 작용 및 독소 배출 효과 등 많은 작용을 한다. 또한 원적외선의 파장을 통해 약해진 세포 조직을 활성화시켜 줌으로써 더욱 확실한 개선 효과를 준다.

스톤 테라피가 인체에 미치는 영향

스톤 테라피는 일상에 지친 현대인에게 차분하고 여유 있는 휴식의 환경을 제공하여 스트레스를 해소를 도와주고 신체 리듬을 회복, 림프순환, 면역 증강과 체질 개선, 독소 배출과 통증 완화, 세포 조직 재생 및 활성화, 노화 방지, 염증 완화와 몸의 자연 치유력과 면역력 증대, 신진대사 증대, 신체 밸런스 유지 등 다양하고 복합적인 건강 요인을 제공해 준다.

특히 전문적인 스톤 테라피는 모공 확대를 통한 각종 노폐물 배출로 매끈하고 탄력 있는 피부를 가꾸어 주며 얼굴 등 신체상의 여러 외모 문제를 개선해 줄 뿐만 아니라 신체의 체지방 분해를 통한 사이즈 및 체중 감소와 얼굴, 전신, 등과 배, 허벅지, 종아리와 팔뚝 등 개개인의 체질과 체형에 맞는 다양한 테크닉 적용으로 다이어트와 피부 미용에 탁월한 효과의 결과를 체험할 수 있다.

스톤 테라피를 함에 있어서 사용하는 돌의 적당한 온도와 방법, 신체 관리 부분에 열에너지 집중, 정확한 경혈점 포인트와 근육 마사지는 테라피스트의 숙달된 테크닉이 필수적이다. 또한 스톤 테라피는 아로마 오일을 함께 사용하면 뭉친 근육과 통증 완화, 릴랙스 효과로 육체적 정신적 균형을 빠르게 유도할 수 있고 돌의 에너지와 기를 이용한 냉온 요법으로 돌의 성질을 인체의 상태에 따라서 적절하게 적용하는 테라피 기법이다.

6) 스톤의 세척 및 소독과 보관 방법

- 스톤에 묻은 오일이 산패되어 박테리아가 생성될 수 있으므로 시술이 끝나는 즉시 바로 세척해야 한다.
- 산화재를 물에 적당량을 희석하여 씻어 주는 방법도 있다.
  (주의: 맨손으로 건조 산화재를 만지면 반드시 맑은 물로 손을 씻어 주어야 한다.)
- 염소를 이용하여 닦아 주거나 알코올로 씻어 주는 방법도 있다. 60~80% 정도의 알코올을 물에 타서 스톤을 씻어 주면 비누로 씻는 것보다 훨씬 효과적이나 알코올의 농도가 너무 짙으면 피부를 건성으로 만들게 된다.
- 비누로 세척하는 방법도 있다. 스톤을 비누로 세척할 때는 가급적 따뜻한 물로 사용하고 스톤을 하나하나씩 비눗물로 잘 문질러서 기름 성분을 모두 제거해 주어야 한다. 세척 후 햇빛에 말려 청결한 곳에 보관한다. 건조한 곳에서 습기가 차지 않도록 완전히 널어 건조시킨다.
- 사용하고 난 스톤은 큰 통에 담아 물과 소독제를 적당한 비율로 섞어 약 10~15분간 담가 놓은 후 솔을 이용하여 하나씩 골고루 흐르는 물에 깨끗이 씻어 햇빛이 있는 곳이나 건조한 곳에서 완전히 건조시킨 후 다시 용기에 담아 보관한다.

7) 스톤 테라피의 주의사항 및 테라피스트가 지켜야 할 필수사항

스톤 테라피의 주의사항

- 심장, 목, 두피, 얼굴을 핫 스톤 진행 시에는 다른 부위보다 온도를 낮게 진행하고 심장과 가까운 부위는 다른 부위보다 신체 열이 높게 나타나므로 테크닉을 할 때 조금 낮은 온도에서 진행을 한다.
- 핫 스톤 진행 시에는 고객의 몸 온도보다 높은 온도의 스톤을 가지고 바로 진행하게 되면 순간적으로 밀착할 때 뜨거움을 느껴 공포를 느끼게 된다. 스톤을 밀착하기 전 손과 손등으로 먼저 밀착하고 스톤을 서서히 밀착하여 스톤을 앞뒤로 돌리면서 진행하여 열을 고객에게 전달한다.
- 고객이 스톤 테라피를 받는 동안 두통, 호흡곤란 등이 있을 경우에는 테크닉을 중단하고 바로 누운 자세를 잡고 편안함을 제공한 후 에너지가 돌아오고 나가는 부위인 백회, 용천, 손끝, 발끝을 풀어 주어 '기'의 순환을 도와준다.

테라피스트가 지켜야 할 필수사항

- 테라피스트는 고객의 피부 상태와 근육 상태를 충분한 상담과 관찰을 통해 세심하게 적용해야 한다. 관리 전 뜨거운 스톤의 화상을 주의해야 하므로 항상 온도 체크를 우선으로 해야 한다.
- 테라피스트는 고객의 컨디션 및 몸 상태를 진단하여 파악한 후, 테크닉을 정하고 목적에 맞는 디톡스, 힐링, 쉐이핑 등 다양한 테라피를 핫 스톤과 쿨 스톤을 적당하게 사용하여 관리한다.
- 스톤 테라피는 온열 테라피로서 몸에 필요한 자연에너지를 충만하게 제공하기 위해서 에너지 스톤을 이용해 몸의 전반적인 열을 계속적으로 전달하여 체내에 축척된 독소 및 노폐물을 땀으로 배출시켜 준다.
- 스톤 테라피는 열전도를 얼마만큼 시키는가에 따라 관리의 효과와 성과가 달라지는 것임으로 스톤의 밀착과 반복 횟수가 아주 중요하다.

8) 스톤 테라피 테크닉

글라이딩(Gliding)

피부를 부드럽게 가꾸어 주는 방법으로 표면이 매끄럽고 평평한 현무암을 이용하여 단단하게 굳은 근육 부위를 미끄러지듯 가볍고 부드럽게 마사지해 주는 테크닉이다.

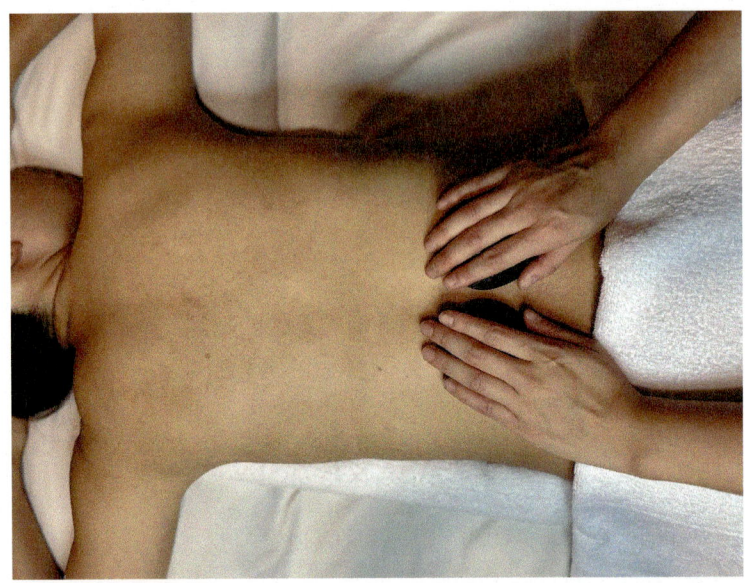

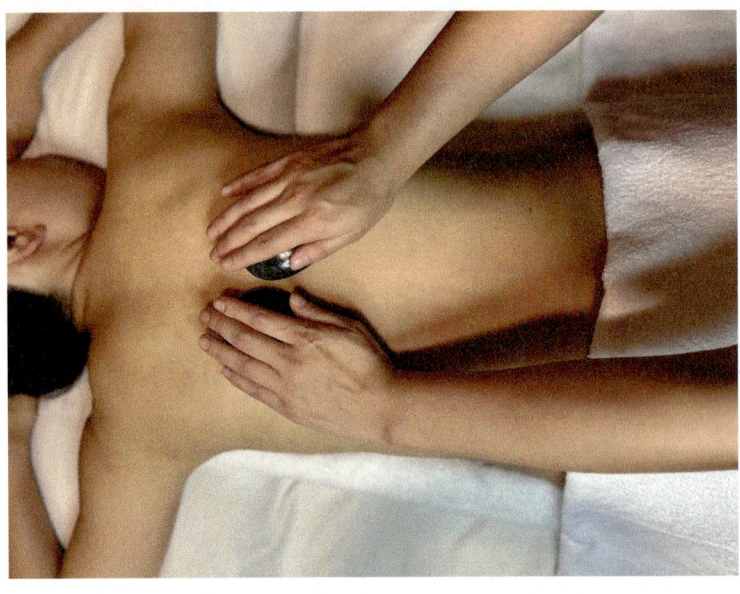

플러싱(Flushing)

 오일 도포 단계처럼 부드러운 테크닉으로 플러싱은 긴장을 풀어 주는 방법으로 스톤의 평평한 가장자리 부분으로 인체의 말초 신경을 향하여 한 번에 다림질하듯이 글라이딩하는 테크닉이다. 이 동작은 인체의 독소를 배출시켜 긴장을 풀어 주는 동작이다.

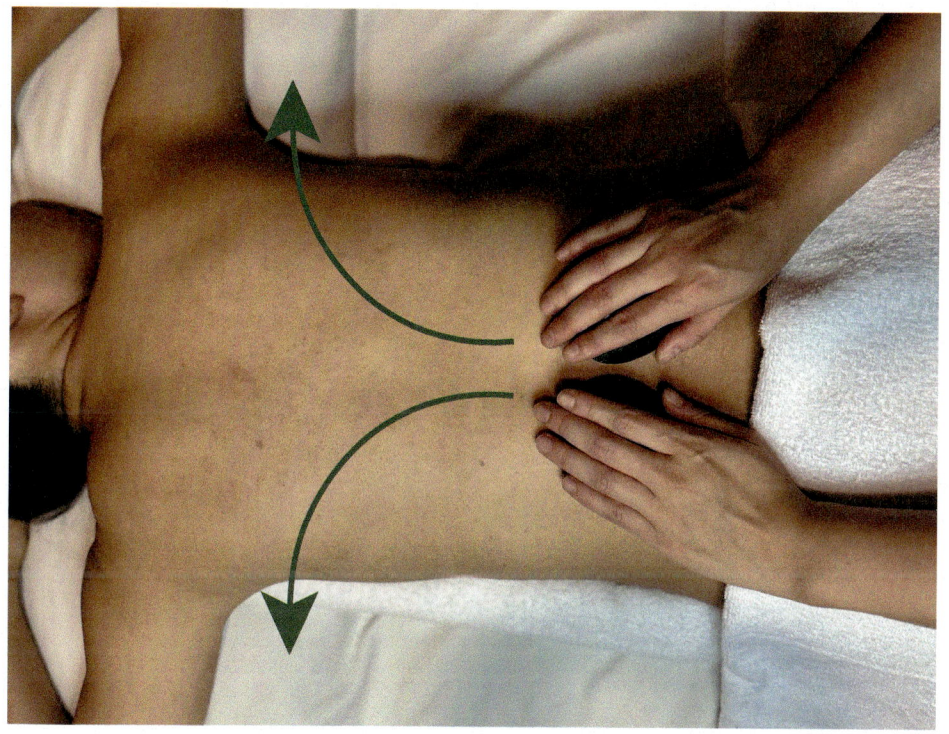

플리핑(Flipping)

이 동작은 경직된 근육과 신체 부위를 가볍게 튕겨 올리는 마사지 방법으로 쿨 스톤과 핫 스톤을 번갈아 사용하기 때문에 여름에 사용하기 적합하다. 먼저 쿨 스톤을 이용하여 가볍게 튕겨 올려 준 다음 핫 스톤으로 가볍게 눌러 주면서 마무리하는 테크닉이다.

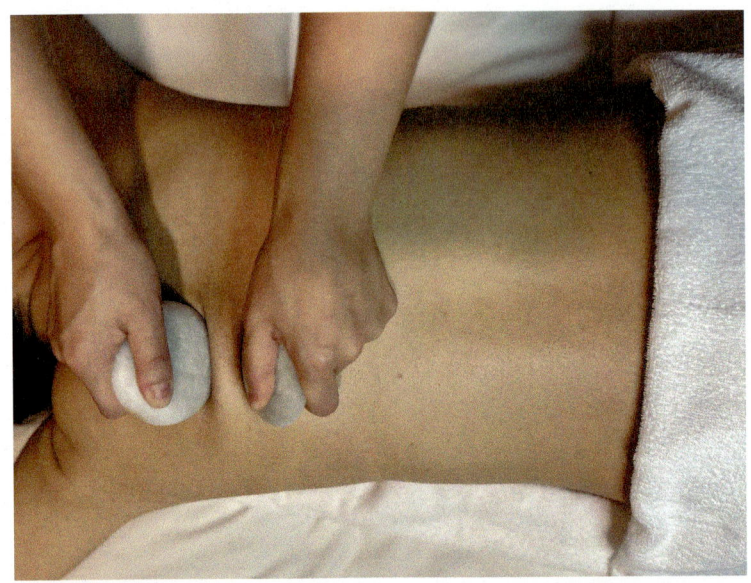

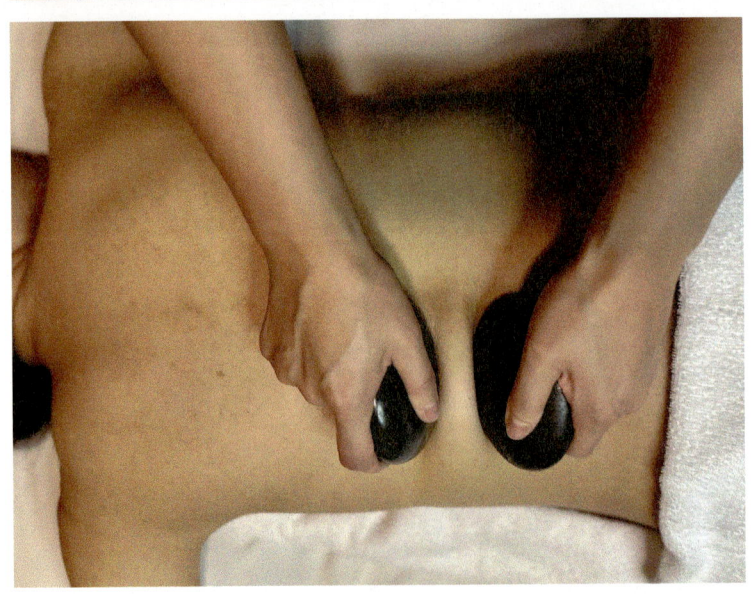

엣징(Edging)

이 동작은 딥 티슈(Deep Tissue) 마사지에 매우 효율적인 테크닉으로 능형근과 견갑거근의 단단하게 뭉친 근육에 주로 사용하는 테크닉이다. 스톤의 가장자리를 손에 쥐고 반대편 가장자리 모서리로 근육을 따라 깊숙이 문질러 주는 테크닉이다.

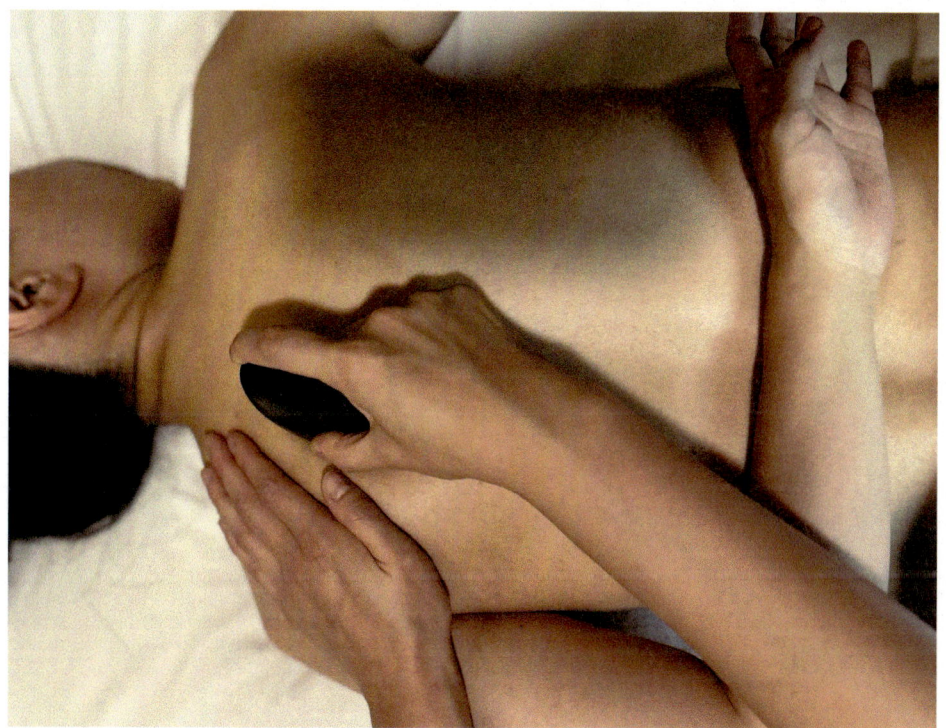

탭핑(Tapping)

두 개의 스톤을 이용한 마사지 테크닉이다. 신체 부위에 올려놓은 뜨거운 스톤의 열에너지가 몸에 전도되는 동안, 또 다른 스톤을 이용하여 미리 올려 둔 돌을 가볍게 두드려 준다. 이 동작은 가슴의 흉선을 치유하는 데 특히 효과적이며 인체의 면역 시스템을 통제하는 기관인 흉선의 기능을 강화시키는 테크닉이다.

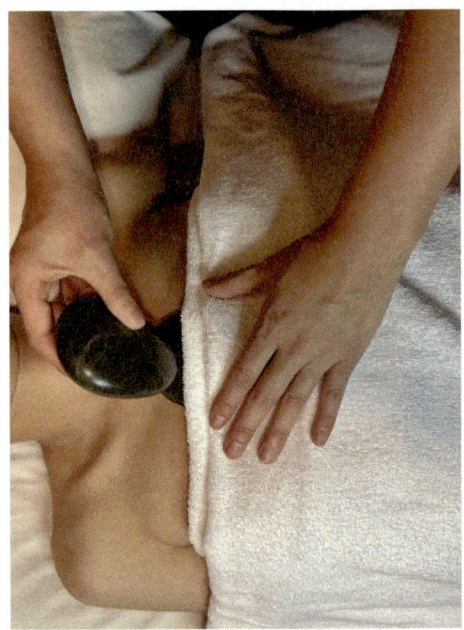 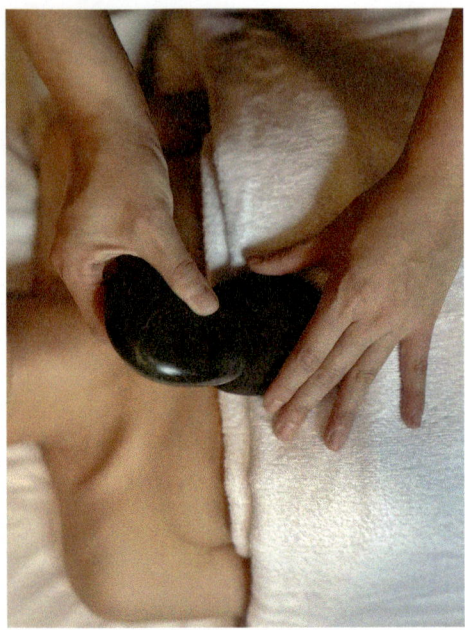

코쿠닝(Cocooning)

다리 또는 특정 부위에 타월을 깔아 두고 스톤을 올려 둥글게 전체적으로 감싸 주는 마사지 테크닉이다. 수축과 팽창을 교차시켜 시너지 효과를 내기 위해 핫 스톤 코쿠닝(Hot stone cocooning)과 쿨 스톤 코쿠닝(Cool stone cocooning)을 번갈아 사용한다.

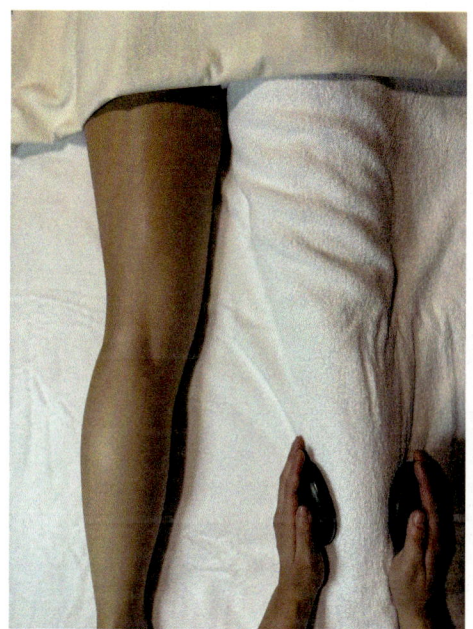
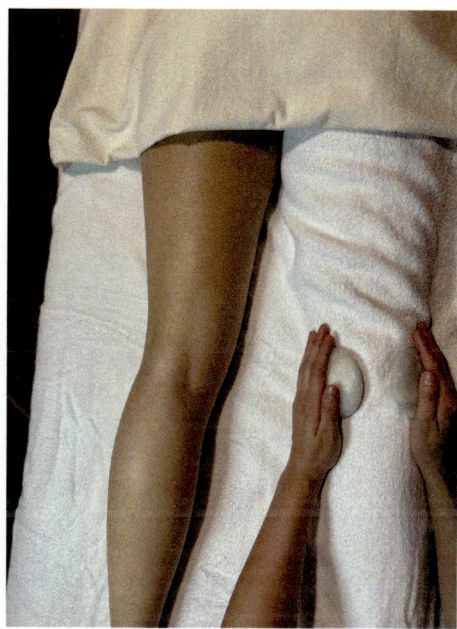

스피닝(Spinning)

 스피닝은 적당하고 평평한 중량감의 스톤을 복부에 올려 두고 깊게 눌러 주며 천천히 시계 방향으로 돌려 주는 마사지 방법이다. 스피닝은 대장염이나 설사 등 소화기 계통의 신진대사를 원활하게 해 주며 스파나 물을 이용한 테라피보다 단기간에 효과를 볼 수 있기 때문에 복부 마사지나 둔부 부위에 많이 사용하는 테크닉이다.

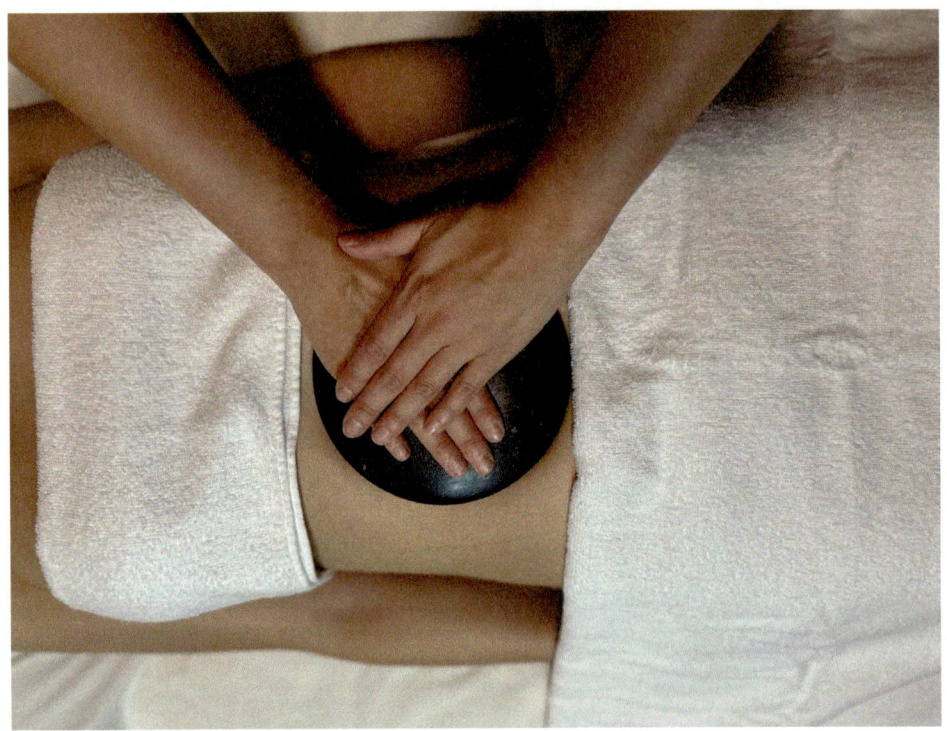

6.
스파 바디 디톡스 관리

6. 스파 바디 디톡스 관리

1) 바디 마스크 및 바디 랩의 이해

　마스크는 피부 표면에 보습감을 부여하고 노폐물을 제거하는 해독과 같은 유효한 효과를 내기 위해 신체에 적용하는 방법이다. 신체의 불필요한 각질 제거 및 다양한 바디 트리트먼트와 결합할 수 있는 장점이 있다. 고객의 피부에 두껍게 도포하여 보습 및 해독에 도움이 되도록 한다. 바디 마스크의 성분으로는 증상에 따른 특수한 약용 효과를 이끌어 낼 수 있는 각종 에센셜 오일, 노폐물 흡착과 보습감을 부여하는 머드, 해독에 탁월한 해조류 등이 주성분이다. 또한 피부 타입과 고객에 요구사항에 따라 기타 여러 특수 첨가물이 포함될 수도 있다. 또한 바디 랩은 관리에 열을 더하고 땀을 내고 신체의 해독을 돕는 유용한 방법이다. 이러한 이유로 바디 랩은 사이즈 감소 목적으로 개발되었으며, 진흙 및 해초와 같은 성분과 함께 사용된다.

2) 바디 마스크 및 바디 랩의 적용

안티 셀룰라이트 바디 마스크

　스파에서 바디 트리트먼트를 받는 많은 고객들이 셀룰라이트의 완전한 치료보다는 해독을 통해 조금 더 건강하고 매끈한 바디 라인을 가지기 위한 완화의 목적으로 바디 팩을 적용한다는 것을 인지하고 있다. 또한 안티 셀룰라이트 바디 마스크는 울퉁불퉁한 피부 표면을 개선시키거나 완화시킬 때 사용하고, 주로 허벅지, 복부, 엉덩이, 팔뚝 등 셀룰라이트가 많은 부위에 사용한다. 한편 디톡스 머드, 에센셜 오일, 특정 셀룰라이트 젤 등은 신체의 자연적인 해독 경로를 자극하고 관리해 줌으로써 피부의 표면과 색조가 크게 개선된다. 위의 전용 제품들은 최대 효과를 내기 위해 결합되며, 셀룰라이트의 특정 처리를 위한 활성 성분에 따라 가격이 천차만별이다. 유명한 고급 코스메틱 브랜드 또는 스파 전문 브랜드에서 제조한 제품은 상당히 고가에 판매되고 있는 경향이 있지만 그만큼 다양한 임상을 보유하고 있으며, 과학적 근거를 바탕으로 제조되고 있다. 다음 표는 셀룰라이트 개선 및 슬리밍 관리를 위해 현재 여러 전문 스파 브랜드에서 주목하고 있는 성분들이다. 이 제품들을 사용할 때에는 개인의 피부 상태와 건강 상태를 확인하는 것이 매우 중요하다.

안티 셀룰라이트 바디 마스크의 활성 성분

성분	효과
카페인	셀룰라이트가 많은 부위에 국소적으로 도포하여 혈류 내 산화 유리 지방산이 방출되도록 한다.
아미노필린(Aminophylline)	세기관지 확장제로 쓰이며, 피부에 도포 시 모세혈관을 확장시킬 수 있다.
레몬 에센셜 오일	항균 기능이 있는 셀룰라이트의 역사적인 치료제이다.
레티놀	비타민A의 활성 상태이며 경구 복용 시 피부 회복에 중요한 역할을 한다.
L-카르니틴	신체의 대사율을 높이고 세포단위가 지방을 저장하는 능력을 저하시키는 효소이다.
허브 추출물	해독에 도움을 준다. 가장 즐겨 찾는 것은 로즈마리와 주니퍼 등이 있다.
비타민E와 C	피부 진피의 콜라겐 합성을 촉진하고 피부 장벽을 강화시킨다.
알게(Algae)	천연 미네랄 성분이 다량 함유되어 있어 피부의 빠른 진정, 수분 공급, 회복 및 재생에 탁월하다.

허벌 바디 마스크

허벌 마스크는 안티 셀룰라이트 바디 마스크와 같은 활성 성분의 한 부분으로 약초 및 허브를 사용하는 것과 구별된다. 또한 붕대와 리넨을 사용하기 위해 특수 장비를 요구한다. 따뜻한 온수를 담은 작은 크기의 스테인리스 습열 장치이다. 허브는 티백의 차와 비슷한 방식으로 대규모 주입되며, 주입이 끝난 뒤 적당한 온도에서 밴디지 또는 리넨 관리를 한다.

트리트먼트에 사용되는 허브는 로즈마리, 페퍼민트, 라벤더, 사이프러스, 주니퍼 등이 있으며, 종종 땀을 유발하도록 설계되어 있다.

머드 & 클레이 바디 마스크

일반적으로 피부 표면이나 모공 속의 불순물을 끌어내고 싶을 때 또는 피부 표면의 과다한 피지 등을 흡착하여 제거하고 싶을 때 사용된다. 신체 사이즈 및 체중 감소를 목적으로 사용하기도 한다.

스파에서 주로 사용되는 머드 및 클레이는 유기 화산재, 늪지의 토탄, 미네랄이 풍부한 바다의 진흙, 미네랄이 풍부한 지역의 점토 등과 같은 성분으로 이루어져 있으며, 이러한 성분들은 일반적으로 분말의 형태로 제공되고 있다. 전문 용액이나 정제수에 갠 머드를 바디 브러시로 부드럽게 도포하거나 장갑을 낀 채 피부에 직접 도포하는 방법이 있다.

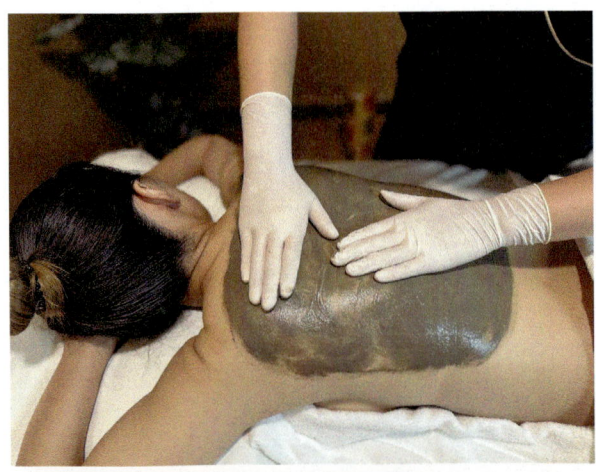

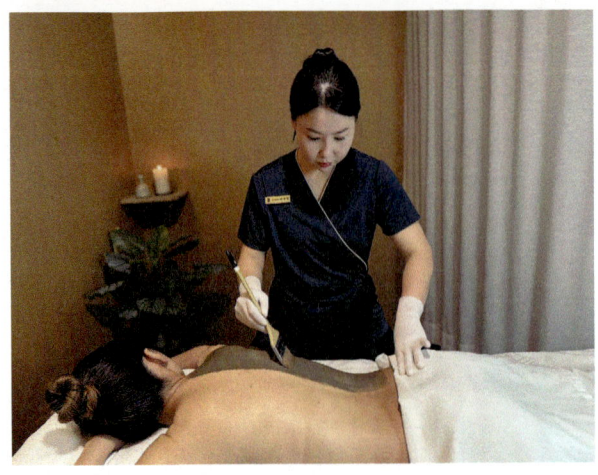

해초 바디 마스크

해초 바디 마스크는 일반적으로 우수한 해독제로 인정받고 있다. 해초의 해독 능력에는 혈액 순환을 자극하여 신진대사를 원활하게 하는 장점이 있다. 또한 바디 트리트먼트에서 셀룰라이트를 제거하는 데 핵심 성분으로 해초를 사용한다. 바다의 풍부한 미네랄 함량과 해독 능력이 결합되어 바디 관리의 효과가 우수하며, 다양한 미네랄과 비타민을 피부에 직접 공급함으로써 피부에 영양 공급은 물론 수분감과 보습감을 충분히 부여한다. 해초 바디 마스크는 비타민A, B, C, E, K, 구리, 철, 칼륨과 아연, 요오드 등과 같은 천연 미네랄 성분이 타의 추종을 불허하며, 이러한 고함량의 천연 미네랄 대부분은 신체의 지방축적물을 분해하는 데 도움을 준다. 또한 신체에 셀룰라이트를 유발하는 독소를 제거하는 데도 탁월한 효과가 있다. 해초 바디 마스크에는 활성제 및 기타 보습·약용 성분이 포함되어 있는 경우도 있으며, 노화 방지 특성을 가진 고급 마스크에 콜라겐을 함께 사용할 수 있지만 비용이 많이 들기 때문에 바디 마스크보다 안면 마스크에 적용한다. 반면에 해산물이나 갑각류에 대한 알레르기가 있는 고객에게는 해초 성분의 화장품을 적용하기 부적합하다.

온열기기를 활용한 바디 랩

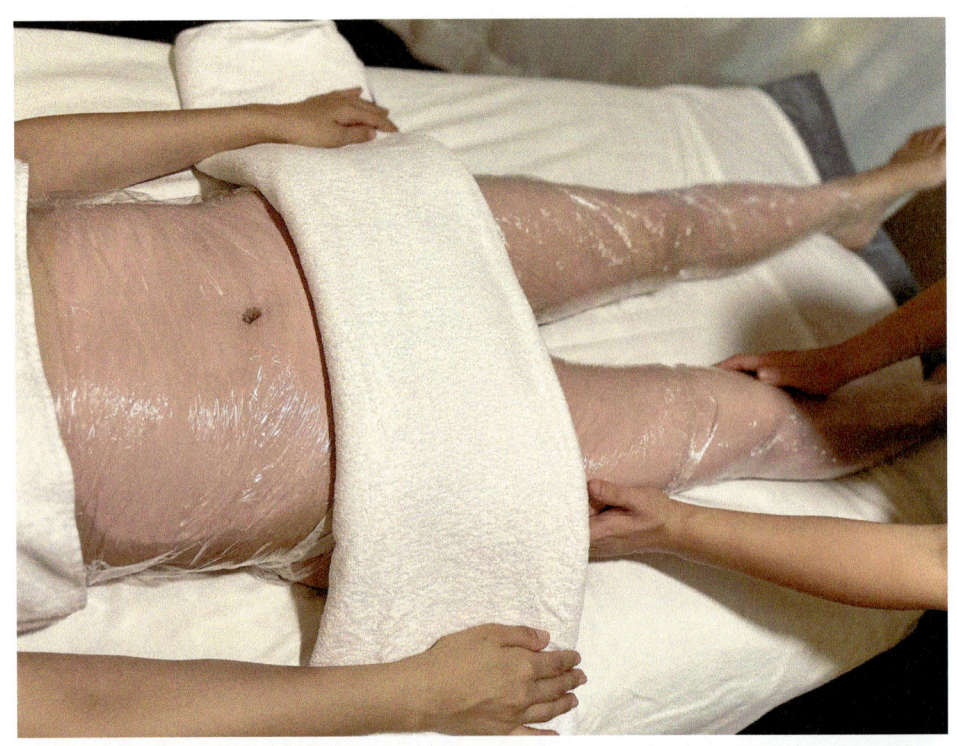

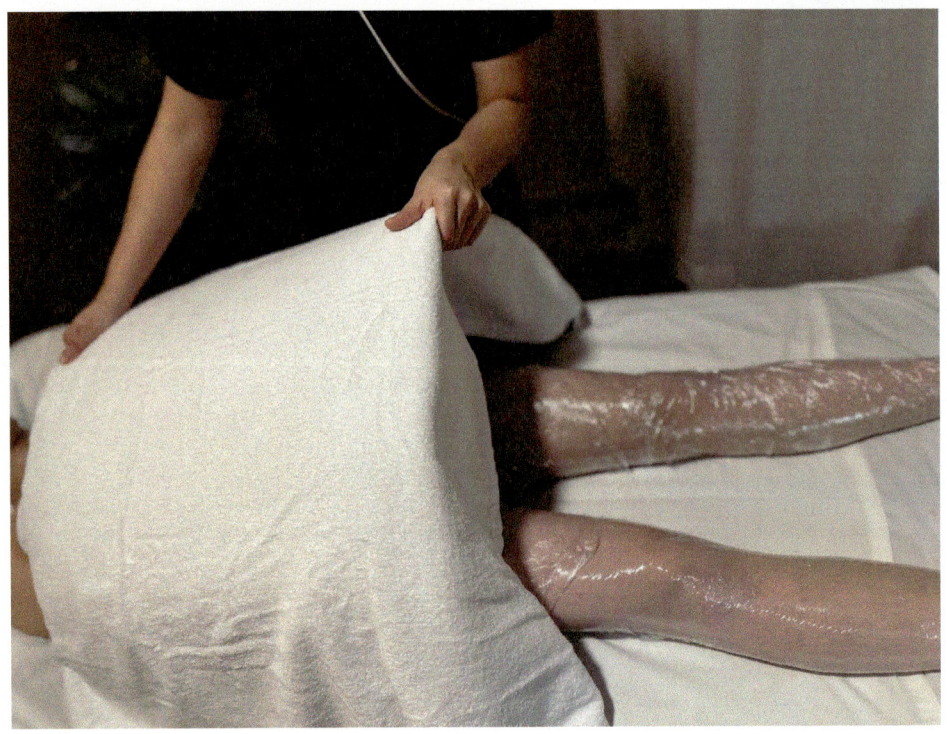

퍼밍 & 컨투어링 바디 랩

　퍼밍 및 컨투어링 바디 마스크는 바디 트리트먼트 시 각광받는 방법 중 하나이다. 항상 랩과 함께 사용되며, 컨투어링 마스크는 일반적으로 신체 사이즈 감소 및 체중 감량을 목적으로 특별히 설계되었다. 트리트먼트 시 특수 붕대 스타일의 랩을 사용한다.

　이 방법은 고대 이집트에서 미라를 만들 때 사용하던 방법으로, 팔과 다리 및 신체 부위를 타이트하고 밀착력 있게 감싸기 때문에 사이즈 감소를 진정으로 만들어 주며 대부분의 고객들은 이러한 트리트먼트에 만족도가 높은 편이다. 컨투어링 바디 마스크 및 바디 랩은 주로 세포에서 과도한 간질액을 배출하여 사이즈 감소를 이끌어 낸다. 이것은 일반적으로 림프계에 의해 자연적으로 배출되는 과도한 체액이다. 신체에 독소가 과도하게 쌓이면 림프 시스템이 느려질 수 있으므로 컨투어링 랩 관리를 통해 초과분을 제거할 수 있다. 이 방법을 사용하면 사이즈 감소를 발생하지만 체중 감소와는 다르다. 전자저울로 측정한 체지방은 동일하게 유지되거나 수분 손실과 관련하여 비례적으로 더 높아 보일 수 있다. 이러한 이유로 몸에 수분을 보충하고 독소 제거 속도를 높이기 위해 고객에게 물을 충분히 마시도록 권장해야 한다.

　사이즈 감소를 목적으로 스파에 방문하여 트리트먼트를 받는 고객들의 대부분의 경우 사이즈 변화 비교를 위해 관리 진과 후를 줄자를 이용해 측정한다. 이것이 가장 구하기 쉬운 도구이며 고객이 쉽게 이해할 수 있기 때문이다. 줄자를 이용해 사이즈를 측정하는 신체 부위는 위팔, 허리(배꼽선), 가슴둘레, 엉덩이, 허벅지와 종아리 등이 있다. 오차 범위를 줄이기 위해서는 항상 같은 신체 부위에서 측정을 해야 한다.

붕대를 활용한 컨투어링 바디 랩

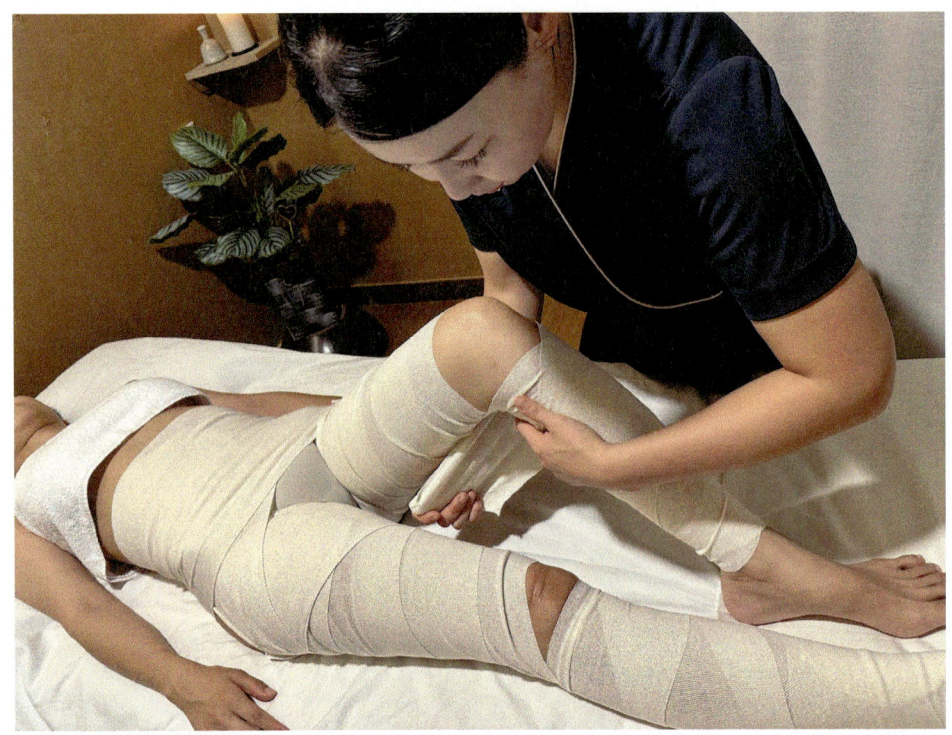

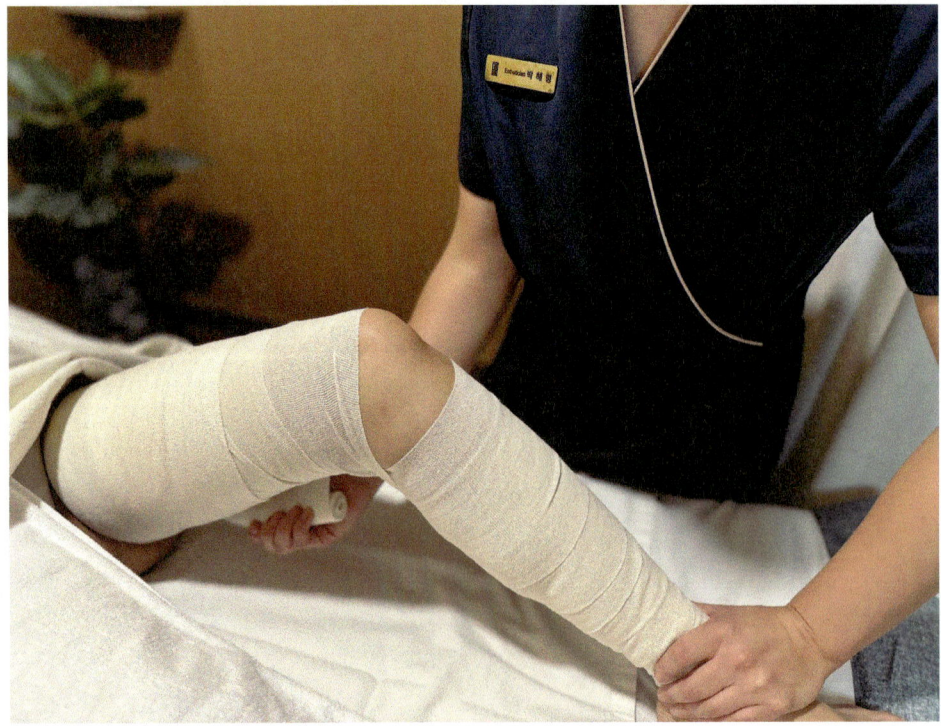

3) 고객에게 맞는 바디 마스크 및 바디 랩 관리

다양한 랩 관리를 고객의 요구에 맞게 조정하고 맞추어야 한다. 일반적으로 랩 관리에 대한 고객의 요구는 세 가지 범주로 나뉜다.

기분 전환

이 고객은 랩의 이완 및 회복 효과를 원한다. 자극이나 해독 치료보다는 보습 스타일의 랩과 피부 강화 랩을 시도하도록 권장해야 한다. 마찬가지로 두피 또는 얼굴 마사지와 같은 편안한 마사지를 포함하는 트리트먼트에 적합하다.

보습

이 고객은 보습 랩이나 해초 & 머드 랩을 자주 사용하여 좋은 효과를 낼 수 있다. 둘 다 피부에 영양을 공급하고 풍부한 품질을 제공하지만 보습 효과와 함께 다른 효과(이완 또는 해독)를 얻고 싶은지 알아봐야 한다.

해독

이 고객은 해독을 원하지만 일반적으로 랩으로 인해 실제 사이즈 및 체중 감소가 발생한다. 밴디지 스타일의 해초와 머드 랩을 제공하지 않는 대신 더 일반적인 해독 치료법을 사용하는 경우 이 랩은 건강상의 이점이 있지만 사이즈 감소는 측정되지 않는다는 것을 고객에게 설명하는 것이 중요하다. 마찬가지로 보습 랩은 고객에게 원하는 결과를 제공하지 않으므로 적절하지 않다.

참 고 문 헌

대전관광공사 고객응대서비스 이행 매뉴얼, 2023.

따라하기 쉬운 보디관리 이론과 실제(기초편), 이송정·성영환, 성안당, 2013.

미용경영학, 김은숙 외, 메디시언, 2018.

미용학개론, 여상미, ㈜교문사, 2013.

비만 및 체형관리학, 김경연 외, 메디시언, 2021.

스파마사지(Aestetic Spa Massage), 전미란 외, 메디시언, 2014.

스톤 & 뱀부테라피, 권혜영 외, 메디시언, 2025.

스파뷰티 테라피, 김봉인 외, 정담미디어, 2006.

오리엔탈 뱀부테라피 비법서, 김지언, 지식과감성#, 2022.

피부 미용 서비스 시 피부 관리 상담이 고객에게 미치는 영향-강원지역의 피부 관리실 중심으로, 김윤영, 2015.

피부미용전문가를 위한 홀리스틱 경락관리학(실기편), 안남훈, 홀리즘, 2017.

피부미용 CS 고객관리, 이병철 외, 메디시언, 2019.

한국형뱀부테라피, 손소희 외, 구민사, 2019.